U0154105

輕鬆烤出125道優雅法式貝殼點心

MADELEINES

百變瑪德蓮

Elegant French Tea Cakes

to Bake and Share

Barbara

Feldman Morse

芭芭拉‧費德曼‧莫爾斯 著　松露玫瑰 譯

生活風格

百變瑪德蓮
輕鬆烤出125道優雅法式貝殼點心

MADELEINES
Elegant French Tea Cakes to Bake and Share

作　　　者　芭芭拉·費德曼·莫爾斯 Barbara Feldman Morse
譯　　　者　松露玫瑰
書 封 設 計　東喜設計

發　行　人　涂玉雲
總　經　理　陳逸瑛
總　編　輯　劉麗真
業　　　務　陳玫潾
行 銷 企 劃　陳彩玉、蔡宛玲、朱紹瑄
特 約 編 輯　林欣璇

出　　　版　臉譜出版
發　　　行　英屬蓋曼群島商家庭傳媒股份有限公司城邦分公司
　　　　　　台北市民生東路二段141號2樓
　　　　　　讀者服務專線：02-25007718；02-25007719
　　　　　　服務時間：週一至週五9:30～12:00；13:30～17:30
　　　　　　24小時傳真服務：02-25001990；02-25001991
　　　　　　讀者服務信箱E-mail：service@readingclub.com.tw
　　　　　　劃撥帳號：19863813 書虫股份有限公司
　　　　　　英屬蓋曼群島商家庭傳媒股份有限公司城邦分公司
　　　　　　城邦網址：http://www.cite.com.tw
　　　　　　臉譜推理星空網址：http://www.faces.com.tw
香港發行所　城邦（香港）出版集團
　　　　　　香港灣仔軒尼詩道235號3樓
　　　　　　電話：852-25086231／傳真：852-25789337
　　　　　　email：hkcite@biznetvigator.com
馬新發行所　城邦（馬新）出版集團
　　　　　　Cite (M) Sdn. Bhd. (458372 U)
　　　　　　11, Jalan 30D/146, Desa Tasik, Sungai Besi,
　　　　　　57000 Kuala Lumpur, Malaysia
　　　　　　電話：603-90563833／傳真：603-90562833
　　　　　　email：citekl@cite.com.tw

初 版 一 刷　2016年5月31日
ISBN 978-986-235-509-1
定　　　價　360元

城邦讀書花園
www.cite.com.tw

國家圖書館出版品預行編目資料

百變瑪德蓮：輕鬆烤出125道優雅法式貝殼點心
／芭芭拉·費德曼·莫爾斯（Barbara Feldman
Morse）著；松露玫瑰譯. -- 初版. -- 臺北市：
臉譜出版：家庭傳媒城邦分公司發行, 2016.05
　　面；　公分. --（生活風格）
譯自：Madeleines : elegant French tea cakes to bake
and share
ISBN 978-986-235-509-1（平裝）
1.點心食譜　2.法國
427.16　　　　　　　　　　　　　　　　105005804

獻給麥特和萊妮

目次

前言

　　我成長於波士頓南岸，在大西洋海岸度過許多夏天。記得小時候常趁著我媽與外婆在屋後煮巧達濃湯或烤填餡蛤蠣時，和兄弟姊妹一起蒐集扇貝貝殼。每當九月要離開我們的沙灘度假城堡時，我總會帶上最喜愛的貝殼——它們宛如完美的隨身記事本，提醒我美好愉悅的海灘時光。

　　我對貝殼的喜愛隨著成長只增不減。我一直熱愛收藏這類海灘紀念品，一有機會寧可花時間尋找最美的貝殼，而不是蜷縮在沙灘椅裡虛度時光。我在舊金山某家小烘焙雜貨店發現第一個瑪德蓮烤模的那刻宛如阿基米德發現浮體原理般驚喜。一想到烘烤的小蛋糕形狀好似童年夏日撿拾的貝殼，往日情景歷歷在目。

　　把購買的烤模攜回小公寓後，我就立刻搜尋瑪德蓮的食譜。我不知饜足，希望能找到愈多愈好，不過當時正值網路尚不普及的七〇年代，成果並不怎樣。當我發現拿到的配方大多是口感乾燥、滋味平淡的香草瑪德蓮時，心情一度極為沮喪。然而我也意識到它們極具潛力，於是開始嘗試各種不同的風味、質地和技巧。這本食譜就是我多年來實驗的成果。

　　你將在這本書中尋得各種樂趣，不僅可以學習如何烘製出滋味十足多變的瑪德蓮，還可以試試快速簡便、具有「防呆裝置」的做法。說實話，製作書裡的食譜簡直是小事一樁，我打包票你肯定三不五時就會烤上一盤——以生日派

對、好友聚餐或有意外訪客做藉口，甚或週末夜裡獨自在家也會動手。我還曾臨時收到通知，為一位十幾歲的女孩製作睡衣派對的點心。

　　無論你是新手或老手，這些食譜都會讓你在廚房裡遊刃有餘。除了製作瑪德蓮原本就很簡易之外，再加上我所研發出可節省時間「一碗到底」的方式，促使我撰寫這本書。希望你能體會我創新的口味和食材簡單且成果卓著，深受啟發後進一步發揮個人創意。有新手或富經驗的烘焙師喜歡根據我的食譜，做出眾多美味的貝殼烘焙品，令我再開心不過了。

　　來吧！翻出瑪德蓮烤盤，讓攪拌碗動起來！製作經典點心的美妙時刻等你來體驗，一點也沒有法式料理的壓迫感。雖說馬塞爾・普魯斯特（Marcel Proust）不厭其煩地用「某種難以言喻的快感衝擊（他的）感官」來描述瑪德蓮，使得它聲名大噪，你會忍不住讓每個認識的人都嘗嘗這小巧的法式茶點。讓開吧，杯子蛋糕和可拿滋（cronuts），瑪德蓮的時代已經來臨了！

致瑪德蓮
之愛

從完美的食材及必要器具的筆記，到我多年來烘焙的祕訣，本書囊括所有烘製個人專屬的瑪德蓮必學之一切。

REMEM

Duke alone
in the house
saw no fu
the peopl
A m
anyor
ask
be

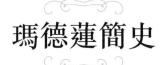

瑪德蓮簡史

　　瑪德蓮究竟是什麼？傳統的瑪德蓮是一款精緻的蛋糕，把麵粉、蛋、糖和奶油放入貝殼狀烤模裡烘製而成。這項廣受世人喜愛的法式茶點誕生的原因和時間眾說紛紜，多數專家一致認同瑪德蓮的名稱是因瑪德蓮‧普密（Madeleine Paulmier）而來。她是來自法國洛林郡，科爾梅西鎮（Commercy）的烘焙師，據說早在十八世紀初她即為洛林公爵——斯坦尼斯勞‧雷瑟斯基（Stanislaw Lezczynski），及其女婿——路易十五製作這項茶點。根據這個說法，法皇非常喜愛這款海綿蛋糕，因此以烘焙師的名字命名。

　　姑且不論它何時首次出爐或如何得名，瑪德蓮的配方迅速傳遍大街小巷。這美味的茶點成為法國文化，甚至是文學的一部分。瑪德蓮在文學史上的地位完全歸功於馬塞爾‧普魯斯特，這位小說家、散文家及評論家，以一九一三年至一九二七年分成七冊出版的自傳體小說《追憶似水年華》聞名。普魯斯特舉例比較自覺記憶——利用個人智能，有意識地搜尋記憶中的人事物——及不自覺記憶，根據書中主角所說，不自覺記憶會在某個神奇時刻自然浮現。

　　普魯斯特以啃咬童年時食用的小點心為例來描述後者。當今著名的「瑪德蓮章節」如此寫道：

摻雜著瑪德蓮碎屑的熱茶碰到我上顎的那一瞬間，我渾身一顫，不禁停下動作，專心感受發生在我身上不尋常的事情。一股難以言喻的快感衝擊我的感官，這種感覺毫無預兆及聯想，不知從何而來。那刻，世間的滄桑對我來說已不足掛齒，苦難無足輕重，而生命則短促如幻影──這個新的領會使我意識到愛以其靈氣充盈我全身；或者說這股靈氣並不在我身上，它就是我？⋯⋯它自何處而來？它是什麼？我要如何才能緊抓它並與之融為一體？⋯⋯驀然之間，記憶浮現眼前。這正是我在貢布雷（Combray）期間，每個星期日早晨都會嘗到的味道。因為當天我不會在做彌撒之前出門，每次我到雷奧妮姑媽房裡道早安時，她總會給我一小塊事先蘸過她的紅茶或香草茶的瑪德蓮。在品嘗之前，這一小塊瑪德蓮的形體並沒有令我想起任何往事。這些都是來自我的那杯茶。

神奇到讓普魯斯特先生產生不自覺記憶的瑪德蓮，我們已無從得知確切配方，不過有件事我可以打包票，按本書食譜製作出的瑪德蓮非常美味，將促使你持續創造屬於自己的甜蜜回憶。

烘烤魔力瑪德蓮的祕密

多年來，我從製作瑪德蓮過程的錯誤中學習，這就是為什麼我想跟大家分享其中的技巧和竅門。依照我的建議，你將會一試就成功。

各就各位

Mise en place（讀音如咪聳—陪辣日）法文直譯為「就定位」。全世界的主廚們都用這個名詞來描述烹飪或烘焙之前，依照食譜備齊所需一切的過程。

就瑪德蓮來說，你必須集合食譜中要求的烤模、碗、攪拌器、材料，以及餐具或器材。接著是依據材料表中的描述來準備食材，比如烘烤過的堅果，切碎並秤好的巧克力，磨碎檸檬果皮等等。在著手料理前讓一切各就各位，可避免遺漏食材或步驟。如此一來你就可以擁有流暢愉悅的烘焙經驗。

右頁由左至右為細孔篩網、刨刀、法式手動攪拌器、冰淇淋挖杓，以及脫模刀。

百變瑪德蓮

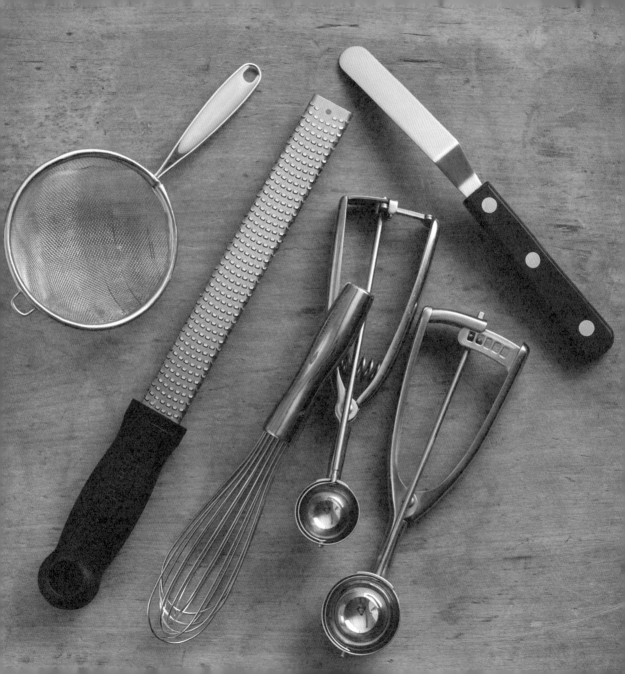

材　料

　　說到如何烘製完美瑪德蓮，新鮮是首要條件。萃取液和香料放久會失去效能及香氣；現擠檸檬汁的風味比市售瓶裝檸檬汁要再強烈許多。我認為先把不太新鮮的食材換成品質較佳的，再來著手烘烤瑪德蓮才是上策。

　　幸運的是，本書所有食譜的食材都是隨手可得，甚至大部分都已經在廚房裡了。以下所列是必備食材，以及可讓你多做變化的添加項目。

奶油

　　真正的奶油在烘焙品中的風味及質地無可取代。甜味瑪德蓮要用無鹽奶油，至於製作鹹味瑪德蓮時，無鹽或含鹽奶油都適用。真不得已時，兩者皆可使用。謹記：如果食譜要求把奶油與糖拌合時，就要在30-60分鐘前把它自冰箱取出放軟。冷硬的奶油與糖打出來的質地達不到輕柔蓬鬆的標準。

防沾噴霧油

　　烤模表面噴上一般（或烘焙專用）噴霧油，再撒上麵粉，將確使瑪德蓮順利脫模。噴霧油與麵粉會使瑪德蓮呈淡金棕色，也就是我慣用的方式。如果你手上沒有噴霧油，那就用融化的奶油來代替。

糖

　　本書中，大部分的食譜使用白砂糖。少數幾個配方使用深色黑糖，不過用淡色黑糖也可以。（使用深色黑糖的話，成品中糖蜜的風味會較為凸顯。）在放涼的瑪德蓮表面篩上糖粉，會使得成品更加漂亮。你還可以

隨興撒上晶亮的彩色裝飾細糖和糖粒，輕鬆快速地把樸素的瑪德蓮裝扮得勾人胃口。如果選擇使用，烘烤前才撒上這些裝飾糖。

蛋

白色或棕色蛋殼的大型蛋都可用，這個大小在美國尋常可見。美國農業部以打來計算蛋的重量，本書所需要的都是大型蛋，每顆至少要55公克。

麵粉

本書中，我使用的是未漂白的中筋麵粉。可以用等量的市售無麩質麵粉取代，雖然做出來的瑪德蓮質地略為粗鬆，但是一樣美味。

泡打粉

雙效泡打粉是膨鬆劑，依據食譜所需要的份量使用，可讓瑪德蓮適度膨脹，甚至更圓鼓。泡打粉會失去效用，因此每隔六個月要換新。傳統瑪德蓮沒有使用泡打粉，只要攪打數分鐘把空氣打入麵糊裡，烘烤時，烤箱的熱度就會使它膨脹。

香草或其他風味萃取液

質純的萃取液無可取代，不要購買仿味或調香的產品。香草萃取液是本書使用最多的萃取液。一小匙香草豆糊可以取代一小匙香草萃取液；它會在烘焙品上呈現美妙的小斑點，使得成品更加吸睛。

此外還有兩款萃取液可以加入瑪德蓮麵糊裡：橙花純露和玫瑰純露。可以用等量的橙花純露或玫瑰純露取代香草萃取液，或是香草萃取液與其中之一各半。

巧克力和可可粉

本書食譜裡使用各式巧克力，自

無糖或苦甜巧克力至半甜巧克力、牛奶巧克力及白巧克力都有。烘焙雜貨店中的各式巧克力豆、巧克力塊及巧克力磚會讓你目不暇給。我建議購買你能力所及品質最好的巧克力。

本書中也會使用可可粉。烘焙雜貨店裡通常有兩款，都是無糖的。其中，荷式處理法可可粉顏色較深，是以鹼來中和其酸性，廣為人知的廠牌有 Droste、Valrhona、Whole Foods Bulk cocoa 和 Hershey's Special Dark。基本上你可以用原味可可粉取代荷式處理法可可粉，反之則不然。我若想讓成品的顏色及風味深沉且濃郁，會選用荷式處理法可可粉。我也會在巧克力瑪德蓮表面篩上荷式處理法可可粉做最後裝飾。當食譜需要食用小蘇打（含鹼物質）時，我就會用原味無糖的巧克力粉，比如 Hershey's Cocoa——食用小蘇打會使麵糊在烤箱裡加熱時釋放二氧化碳而產生膨脹效果，

荷式處理法可可粉則因為酸性經過中和，不會有此作用。

堅果

堅果酥脆的口感及豐富的香氣可幫瑪德蓮增添美妙風味。烘烤是凸顯堅果風味的第一步——堅果的香氣將更為濃郁，口感並由軟韌轉為酥脆。烘烤堅果時，要在烤盤鋪上單層烘焙紙，放入已預熱至 150°C 的烤箱烤 15-20 分鐘。每隔約 5 分鐘用刮刀略為攪拌，確使均勻上色。

器 材

正確的器具可以確保每次做出的瑪德蓮都完美無瑕。以下是必要的器材，外加少數較豪華、使你感覺好似專業烘焙師的配備。

瑪德蓮烤盤

使用合適的烤盤才可以烤出完美的瑪德蓮。這些特殊烤盤的美感來自於不同的形狀、尺寸和材質。從不沾塗層的迷你瑪德蓮模到厚重不鏽鋼製的圓型貝殼烤模，家居用品、廚房器具商店、烘焙雜貨店，以及網路上的零售商都可看到一系列產品。

我偏好不沾烤盤，同時也推薦給新手與有經驗的烘焙師。烤盤上無毒的不沾塗層可輕易地讓烤好的瑪德蓮脫模，也較容易快速洗淨。切記使用不沾烤盤時，還是得刷上融化的奶油或噴灑防沾噴霧油。貫徹烤盤的準備作業（防沾處理）是成功烤出瑪德蓮的關鍵。

烤盤的準備作業（防沾處理）

用罐裝烹飪噴霧油在烤模（包括不沾烤盤）表面噴灑薄薄的油層，是快速又確實的防沾處理。我在廚房水槽裡操作，因此可以輕鬆清理多餘的噴霧。你也可以用奶油來幫烤模做防沾處理。把3-4大匙的奶油放入小碗裡，用微波爐加熱融化，再以烘焙用毛刷蘸取奶油刷塗貝殼模的每個角落和凹處。無論你決定使用哪一個方法，烤模上均勻的油層是讓瑪德蓮輕易脫模的重點。兩者都方便有效。

碗

任何微波爐可用的中型碗都可用在本書的食譜裡。用「一碗到底」的方式（見第26頁）來做的話，我建議用1900毫升的玻璃碗或量杯（如Pyrex廠牌）。除了可微波之外，所使用的碗必須是寬底，攪拌時才不會礙手礙腳。帶把手的也大有助益，你可以直接把麵糊倒入烤模裡，也可以用容量為950毫升（4杯）的碗，但是1900毫升的大小在攪拌時較方便。我也挺建議用附封蓋1900毫升的玻璃碗，當你前一天備好麵糊並要放入冰箱冷藏時，蓋子正好派上用場。

法式手動攪拌器

我偏好用法式手動攪拌器來攪拌瑪德蓮麵糊。我手上的是不銹鋼材質，長度20公分，最寬處則是3.8公分。筆直及較細窄的弧度在攪拌時可以貼近碗底。

抹刀、刮刀

文中經常提及使用小型脫模刀。許多步驟中都用得到：抹平甜醬、混合融化的巧克力、修飾瑪德蓮表面，以及將瑪德蓮自貝殼烤模中輕巧地撬開。可以準備各種尺寸及形狀（甚至是顏色漂亮）的抹刀和刮刀。我用它

們來拌合、攪拌及充分混合各類麵糊，並且用以刮取碗裡最後一滴麵糊。我偏好矽膠材質的抹刀或刮刀，隔水加熱並攪拌材料時可以隔熱。

冰淇淋挖杓

我用有彈簧的冰淇淋挖杓把麵糊舀至烤模裡。我覺得用挖杓比湯匙俐落快速，並且挖出來的麵糊份量相當，可烤出大小一致的瑪德蓮。我通常用直徑3.8公分的挖杓，此外還備有一只小尺寸的挖杓做迷你瑪德蓮。

置涼架

你必須把剛出爐的熱烤模放在置涼架上，再把脫模的瑪德蓮排在置涼架上放涼。我偏好大型重磅的鐵網架，把一大盤瑪德蓮自廚房移至裝飾瑪德蓮的桌上時，會比較順手。

量杯與量匙

保證烘焙成功的方法之一就是確實測量材料。使用優質金屬量杯和量匙來測量乾性材料：你必須有¼杯、⅓杯、½杯，以及1杯等份量的量杯，以及¼小匙、½小匙、1小匙及1大匙遞增的量匙。

液體材料必須用透明玻璃製、邊緣有刻度的量杯測量。最好把量杯放在平檯上再倒入材料，讓眼睛與量杯平視讀取刻度，以確保測量正確。

桌上型與手持電動攪拌器

我曾經擁有數個重型桌上型攪拌器。它們非常可靠，值得投資（可用多年！），至關重要的是，本書中有數個食譜需要用到它。如果沒有桌上型攪拌器，可以用手持電動攪拌器取代，因為瑪德蓮的麵糊極輕，份量也不多。使用手持電動攪拌器的優點是，它在容量為1900毫升，可微波

的碗裡游刃有餘，而在製作麵糊時，你已經用了這個碗，這表示清洗時也能少費點工夫。

如何決定使用電動攪拌器或手動攪拌麵糊的時機？相較之下，使用電動攪拌器可以在麵糊中打入比手動攪拌更多的空氣。從瑪德蓮成品來看，質地會比較像蛋糕，而非餅乾。

因此，如果你希望瑪德蓮的質地細緻，近似磅蛋糕或海綿蛋糕，就必須使用桌上型或手持電動攪拌器。

刨絲器或 Microplanes 細孔刨絲器

使用 Microplanes 細孔刨絲器來刨柑橘類果皮將會改變你的生活！它們比四面刨絲器好用許多，此外你會立即驚覺現刨果皮絲的風味是乾燥的果皮絲無法比擬的。盤飾時，Microplanes 細孔刨絲器也比較好上手。現刨巧克力，甚或一撮現刨的檸檬、柳橙、萊姆或葡萄柚果皮，都可以賦予剛出爐的瑪德蓮無與倫比的尾韻。

計時器

有著響亮鈴聲或汽笛的計時器是讓你檢查瑪德蓮狀況的最佳幫手。烘焙時很容易分心，因此一個可信任的計時器將使你得心應手。

圍裙與隔熱手套

麵糊和刷塗用的甜醬極易飛濺與滴落，所以我總是穿上圍裙來保護衣服，這是烘焙時的必備步驟。隔熱手套也一樣不可少，我對它們極為挑剔。我偏好小一點的尺寸，使用時比較靈巧，抓取烤模會更順手。等瑪德蓮要出爐時才來找手套真是令人心驚膽跳，所以我把它們歸在「各就各位」的項目中。

如何製作瑪德蓮

　　烘製瑪德蓮的方法不只一種。最經典的做法是要求另外融化奶油,再拌入由蛋、糖和麵粉混合好的麵糊裡。如此一來會形成中央帶有「駝峰」的小海綿蛋糕。我自創的一碗到底做法,則是要先融化奶油和糖。接著依序把蛋、增味劑和麵粉加入同一個碗裡,再攪拌成快速麵糊,隨時可舀入烤模、烘烤,然後享用。兩種方法都很好,因此請儘管實驗看看,找出最喜歡的那一種。

經典做法

　　瑪德蓮的經典麵糊是熱那亞式，以義大利熱那亞市為名。熱那亞式是乳沫類蛋糕，通常可製成結婚蛋糕、單層蛋糕、手指餅乾和法式小點心，以及傳統瑪德蓮。蛋糕之所以會膨大，是藉由攪拌蛋與糖時，把空氣打入麵糊裡，再放入烤箱加熱而成，並不需要使用泡打粉或食用小蘇打之類的化學物質。瑪德蓮看起來就像是小巧豐滿的海綿蛋糕。

1. 奶油放入容量為1900毫升，可微波的碗裡。微波爐輸出功率設為最低，加熱1-2分鐘。取出拌勻，再放回微波爐，分次加熱，每次加熱15秒鐘後攪拌，直到奶油完全融化。放涼備用。

2. 蛋和糖放入另一個碗裡，輕輕攪拌至充分混合。

3. 攪打蛋和糖混合糊，直到濃稠並起泡。我建議使用手持電動攪拌器或桌上型攪拌器以節省時間。

4. 加入麵粉和增味劑（有使用的話）拌勻。

5. 加入融化奶油，輕輕拌合。

6. 把麵糊平均地舀入烤模裡。

7. 把瑪德蓮烘烤至膨脹，中央凸出的亮點凝結。把烤模自烤箱移出，在置涼架上放涼2-3分鐘，再小心地以小脫模刀幫瑪德蓮脫模。

一碗到底做法

　　我研究出一種有別於傳統的做法，成果卻是同樣美味及出色。在我經營烘焙事業時，為了爭取時效，於是發明了這個取巧的方式。我發現要一次製作數百個瑪德蓮的話，這是最快速簡易的方法，烘製出的瑪德蓮與使用傳統方式時，同樣柔軟可口。做法如下：

1. 把切成丁塊的室溫奶油、糖和切碎的巧克力（有使用的話）放入容量為1900毫升，可微波的的碗裡。

2. 微波爐輸出功率設為最低，加熱1-2分鐘。取出攪拌混合，再放回微波爐，每次加熱15秒鐘後攪拌，直到奶油完全融化。

3. 混合糊攪拌至提起攪拌器時，會留下緞帶般的痕跡。你可以使用手持電動攪拌器，用較短的時間就能打出蓬鬆的混合糊。

百變瑪德蓮

4. 逐次加入一顆室溫的蛋，用力攪拌至均勻。然後再多攪拌個1-2分鐘，把更多的空氣打進混合糊裡，成品的質地就會更細緻。

5. 把選用的增味劑、萃取液、柑橘類皮絲、香草、香料，或利口酒加入混合糊裡，並充分拌勻。

6. 加入麵粉，拌勻即可。

7. 把麵糊平均地舀入烤模裡。

8. 把瑪德蓮烘烤至膨脹，中央凸出的亮點凝結。把烤模自烤箱移出，在置涼架上放涼2-3分鐘，再小心地以小脫模刀幫瑪德蓮脫模。

創造完美瑪德蓮的五個祕訣

　　我從事烘焙超過三十年，即使身為專業的烘焙師，還是碰到過許多烘焙災難。當你著手製作瑪德蓮時，我所能給你最重要的建議就是玩得開心。書裡的食譜將會幫助你學習相信直覺、充滿信心以及放鬆心情。以下是讓你每次都可做出完美瑪德蓮的五個祕訣。

1. **使用計時器當你的引導。**它會提醒你觀察瑪德蓮，檢視它們的形狀，不過你也得清楚烘焙時間總是有所變動。食譜上列舉的時間只是約略，一切還是因烤箱及主觀環境而定。如果麵糊看起來還沒烤熟的話，就算食譜具體標示所需時間，還是要多烤個 1-2 分鐘。

2. **攪拌材料 2-3 分鐘。**這個步驟並不是非要不可，但是把空氣攪進麵糊裡極為重要，烤出來的瑪德蓮才會符合輕盈細緻的要求。

3. **麵糊稍微放涼後才加入蛋。**我知道混合糊自微波爐取出後，有股令人繼續操作下去的動力，但是那時碗裡的混合糊溫度過高，會把蛋煮成炒蛋。

4. **用冰淇淋挖杓取代湯匙把麵糊舀入貝殼烤模。**冰淇淋杓可以舀出等量的麵糊，如此一來每個瑪德蓮所需要的烘烤時間就會一致。如果烤模裡的麵糊份量有多有少，麵糊少的瑪德蓮就會比多的較快烤好。

5. **烤盤自烤箱取出後立刻將它放在置涼架上。**剛烤好的瑪德蓮極為柔軟易碎，因此要先放涼 1-2 分鐘才可以脫模。謹記：其質地如海綿，非常細緻，無論置涼架是哪一種紋路，都會印在尚且溫熱的瑪德蓮扁平那面。

簡易的儲存方式

　　當你的瑪德蓮竟然沒有被一掃而空時，你得想辦法盡可能地保鮮。如果把瑪德蓮包緊，可在密封罐裡保存2-3天。必須完全放涼才可以包裹，以免熱氣使它受潮。我也會用夾鏈袋來保存新鮮的瑪德蓮，或者冷凍存放。瑪德蓮可以冷凍存放到2個月。把完全放涼的瑪德蓮放入可冷凍的容器或夾鏈袋裡，層層之間鋪上蠟紙即可。冷凍的瑪德蓮放在室溫裡2-3小時即可解凍。甚至直接丟入微波爐裡，加熱後就可食用。

致瑪德蓮之愛

CH **1**

不僅是
香草瑪德蓮

馬塞爾・普魯斯特叨叨絮絮的那款瑪德蓮本身的
細節無從得之，於是我們必須逆向操作來推敲什
麼樣的配方能帶來「難以言喻的快感」。以下是
眾所周知的資訊：普魯斯特喜歡把食物浸入液體
後食用；他吃的那款瑪德蓮應該很乾，因此極易
在嘴裡碎裂；而這瑪德蓮的風味與花香調的椴花
茶極為匹配。基於以上線索，我敢大膽假設這款
瑪德蓮神似本書中經典法式或香草瑪德蓮。即使
這款可口（但風味單純）的瑪德蓮已經讓普魯斯
特垂涎三尺，你還是可以在這個香草小蛋糕裡加
入其他食材，例如奶油起司、罌粟籽、蛋酒及甘
露咖啡酒等等。

右頁為「經典法式瑪德蓮」（第32頁）。

經典法式瑪德蓮
CLASSIC FRENCH MADELEINES

我曾以為除了酥鬆的可頌之外，再無令我想留在巴黎的誘因。在做了瑪德蓮之後，這些充滿奶脂、檸香並配上華麗的貝殼形狀——一面是波紋、一面光滑——激發我遷移到巴黎任何一區的白日夢。而以下是最棒的部分：縱使在巴黎郊區很難找到合口味的可頌（更別說自己烘烤！），卻可不費吹灰之力地做出美味的經典法式瑪德蓮。食用時撒上糖粉讓滋味輕巧地跳躍起來吧！

可做24個瑪德蓮

無鹽奶油8大匙，另備4大匙塗抹烤盤（可省略）

中筋麵粉1杯

泡打粉 ½ 小匙

大的蛋3顆

砂糖 ⅔ 杯

香草豆糊或香草萃取液1小匙

現刨檸檬皮絲 1½ 小匙

1. 在烤箱中層放置金屬網架，烤箱預熱至180℃。在2個12孔的貝殼烤模表面噴灑烹飪噴霧油，或融化額外準備4大匙的奶油，刷塗每個烤模。
2. 麵粉和泡打粉放入小碗裡混合。
3. 奶油放入另一個碗裡，輸出功率設為最低，加熱1分鐘或直到融化。放涼到室溫狀態。
4. 蛋和糖加入容量為1900毫升的碗裡或量杯，手持或桌上型電動攪拌器開中速，攪拌至混合糊輕盈蓬鬆，大約3-5分鐘。
5. 加入香草豆糊（或萃取液）和果皮繼續攪拌1分鐘。再加入混合好的麵粉拌勻即可，然後澆入放涼的奶油，充分混合。
6. 使用直徑為3.8公分的冰淇淋挖杓或茶匙，把麵糊舀至烤模裡，近滿即可。輕輕按壓麵糊，使之平均分布。

7. 放入烤箱烤10-12分鐘，直到瑪德蓮膨脹並金黃上色。
8. 把烤盤自烤箱取出，放在置涼架上2-3分鐘，再翻轉烤模把瑪德蓮倒到置涼架上。你也可以用小脫模刀逐個脫模。如果打算冷藏或冷凍，就要完全放涼。否則瑪德蓮出爐後，趁著還溫熱時食用最美味。

製作瑪德蓮之良伴

◇◇◇◇◇◇◇◇ **攪拌器** ◇◇◇◇◇◇◇◇

為了讓成品質地細緻，需要用桌上型或手持電動攪拌器來攪拌麵糊，麵糊裡產生的氣泡會比用手動攪拌器來得多。把空氣攪入麵糊裡將會使烘烤後的瑪德蓮激似磅蛋糕。

不僅是香草瑪德蓮

大溪地香草瑪德蓮
TAHITIAN VANILLA BEAN MADELEINES

沒有什麼比加入純香草豆的烘焙品更具魅力了。不過用香草豆莢來做成本高也較為耗時，於是我用香草豆糊取代。它的風味濃烈，一小匙香草豆糊可以取代一小匙香草萃取液。

可做24個瑪德蓮

無鹽奶油12大匙，另備4大匙塗抹烤盤（可省略）

砂糖1杯

大的蛋2顆，室溫

香草豆糊或香草萃取液2小匙

中筋麵粉1杯

糖粉½小匙

1. 在烤箱中層放置金屬網架，烤箱預熱至180°C。在2個12孔的貝殼烤模表面噴灑烹飪噴霧油，或融化額外準備4大匙的奶油，刷塗每個烤模。

2. 奶油和糖加入容量為1900毫升可微波的玻璃碗或量杯裡，微波爐輸出功率設為最低，加熱1-2分鐘後以攪拌器拌勻。如果奶油沒有融化，就分次加熱，每次加熱15秒鐘後攪拌，直到混合糊滑順。

3. 混合糊放涼3-4分鐘。逐次加入1顆室溫的蛋攪拌，充分拌勻後才可以加入下一顆。最後才加入香草豆糊（或萃取液）和麵粉充分拌勻。

4. 使用直徑為3.8公分的冰淇淋挖杓或茶匙，把麵糊舀至烤模裡，近滿即可。輕輕按壓麵糊，使之平均分布。

5. 放入烤箱烤10-12分鐘，直到瑪德蓮膨脹，輕壓時略帶彈性。

6. 把烤盤自烤箱取出，放在置涼架上2-3分鐘，再翻轉烤模把瑪德蓮倒到置涼架上。你也可以用小脫模刀逐個脫模。然後完全放涼。

7. 瑪德蓮放涼後，在有波紋那面篩上糖粉即完成。

奶油起司瑪德蓮
CREAM CHEESE MADELEINES

奶油起司給經典瑪德蓮添加些許濃稠的口感。若要變化這個食譜的風味，可以用柳橙或萊姆皮絲（或兩者混合）取代檸檬皮絲。我通常把奶油起司瑪德蓮配上新鮮覆盆子或一盅草莓蜜餞，宛如奶油起司與果凍的美味組合。

可做24個瑪德蓮

無鹽奶油12大匙，室溫軟化，另備4大匙塗抹烤盤（可省略）

砂糖1杯

未打發的奶油起司（cream cheese）110公克，切成小丁塊，室溫

大的蛋2顆，室溫

現刨檸檬皮絲1小匙

現榨檸檬汁2小匙

香草萃取液½小匙

中筋麵粉1杯

1. 在烤箱中層放置金屬網架，烤箱預熱至165℃。在2個12孔的貝殼烤模表面噴灑烹飪噴霧油，或融化額外準備4大匙的奶油，刷塗每個烤模。
2. 奶油和糖加入容量為1900毫升可微波的玻璃碗或量杯裡，微波爐輸出功率設為最低，加熱1-2分鐘後以攪拌器拌勻（大約3-4分鐘）。如果奶油沒有融化的話，就分次加熱，每次加熱15秒鐘後攪拌，直到混合糊滑順。
3. 加入奶油起司繼續攪拌3-4分鐘，直到滑順。手動攪拌器或老式打蛋器可加快速度。
4. 逐次加入1顆室溫的蛋攪拌，充分拌勻後才可以加入下一顆。接著加入檸檬皮絲、檸檬汁和香草萃取液拌勻，再加入麵粉充分拌勻。
5. 使用直徑為3.8公分的冰淇淋挖杓或茶匙，把麵糊舀至烤模裡，近滿即可。無須按壓麵糊，烘烤時就會自然散開。

百變瑪德蓮

6. 放入烤箱烤11-13分鐘，直到瑪德蓮膨脹，邊緣略為上色。

7. 把烤盤自烤箱取出，放在置涼架上2-3分鐘，再翻轉烤模把瑪德蓮倒到置涼架上。你也可以用小脫模刀逐個脫模。趁著溫熱時食用，若要冷藏或冷凍，必須先完全放涼。

製作瑪德蓮之良伴

Microplane 細孔刨絲器

廚師與烘焙師會異口同聲告訴你 Microplane 細孔刨絲器是廚房的必需品，因為它們是多功能的器具。無論想在沙拉上撒帕馬森起司，在卡布奇諾奶泡上刷些苦味巧克力，或是烹調時添加柑橘皮的風味，所需要的就是這把手持刨絲器。我喜歡用它來裝飾我的瑪德蓮。苦味巧克力細屑或柳橙皮絲都是盤飾的好幫手。

不僅是香草瑪德蓮

檸香罌粟籽瑪德蓮
LEMON POPPY SEED MADELEINES

烘製磅蛋糕時，檸檬的柑橘香及香脆的罌粟籽是極佳組合，應用在瑪德蓮上風味依舊迷人，我一點也不覺得訝異。此外，較小的尺寸更能控制食用時的份量。

可做24個瑪德蓮

無鹽奶油12大匙，另備4大匙塗抹烤盤（可省略）

中筋麵粉1杯

泡打粉1½小匙

砂糖1杯

大的蛋3顆，室溫

現刨檸檬皮絲1大匙

現榨檸檬汁1大匙

香草萃取液1小匙

罌粟籽（poppy seeds）1大匙

蜜汁

糖粉1½杯，過篩

現榨檸檬汁2大匙

1. 在烤箱中層放置金屬網架，烤箱預熱至180℃。在2個12孔的貝殼烤模表面噴灑烹飪噴霧油，或融化額外準備4大匙的奶油，刷塗每個烤模。
2. 麵粉和泡打粉放入小碗裡混合。
3. 奶油和糖加入容量為1900毫升可微波的玻璃碗或量杯裡，微波爐輸出功率設為最低，加熱1-2分鐘後以攪拌器拌勻。如果奶油沒有融化的話，就分次加熱，每次加熱15秒鐘後攪拌，直到混合糊滑順。
4. 混合糊放涼3-4分鐘。逐次加入1顆室溫的蛋攪拌，充分拌勻後才可以加入下一顆。接著加入檸檬皮絲、檸檬汁和香草萃取液拌勻。
5. 加入混合好的麵粉和罌粟籽，拌至滑順。
6. 使用直徑為3.8公分的冰淇淋挖勺或茶匙，把麵糊舀至烤模裡，近滿即可。輕輕按壓麵糊，使之平均分布。

百變瑪德蓮

7. 放入烤箱烤10-12分鐘，直到瑪德蓮膨脹，輕壓時略帶彈性。
8. 把烤盤自烤箱取出，放在置涼架上2-3分鐘，再翻轉烤模把瑪德蓮倒到置涼架上。你也可以用小脫模刀逐個脫模。趁瑪德蓮完全放涼時製作檸檬蜜汁。

蜜汁

1. 糖粉和檸檬汁放入小碗裡拌勻。攪拌時逐次加入1小匙冷開水，直到蜜汁滑順有流動感。
2. 以烘焙用毛刷在瑪德蓮有波紋那面刷上薄薄一層蜜汁，再放到平盤上直到蜜汁凝固。

不僅是香草瑪德蓮

雲朵瑪德蓮
MADELEINE CLOUDS

入口即化且奶脂濃郁的酥餅有許多名稱，比如俄羅斯茶點、墨西哥婚禮餅乾、希臘聖誕餅乾，在美國則是聖誕節時熱鬧登場的奶油球。這個食譜是我改編自好友母親的配方。材料使用榛果，也可自由換成核桃、胡桃或杏仁等你偏愛的堅果。此外，你可以把塵封已久的桌上型電動攪拌器搬出來用，烤出來的瑪德蓮會更鬆軟、更像蛋糕。不過「一碗到底」也是行得通的。

可做24個瑪德蓮

無鹽奶油16大匙，室溫軟化，另備4大匙塗抹烤盤（可省略）

糖粉8大匙，另備2-3杯沾裹用

香草豆糊或香草萃取液2小匙

中筋麵粉2¼杯

榛果（hazelnuts）¾杯，烘香並切碎

1. 在烤箱中層放置金屬網架，烤箱預熱至180℃。在2個12孔的貝殼烤模表面噴灑烹飪噴霧油，或融化額外準備4大匙的奶油，刷塗每個烤模。

2. 奶油和8大匙糖粉加入桌上型電動攪拌器的碗裡。使用槳狀攪拌頭，開中速攪拌1-2分鐘，轉成中高速攪拌，直到混合糊輕盈蓬鬆，大約4-5分鐘。加入香草豆糊或香草萃取液再攪拌1分鐘。

3. 把攪拌器轉成低速，加入麵粉攪拌，視狀況以矽膠刮刀把邊緣的麵糊刮到碗底。加入堅果繼續以低速攪拌至充分混合。

4. 使用直徑為3.8公分的冰淇淋挖杓或茶匙，把麵糊舀至烤模裡，近滿即可。輕輕按壓麵糊，使之平均分布。

5. 放入烤箱烤10-12分鐘，直到瑪德蓮膨脹，邊緣呈金棕色。

6. 把烤盤自烤箱取出，放在置涼架上 2-3 分鐘，再翻轉烤模把瑪德蓮倒到置涼架上。你也可以用小脫模刀逐個脫模。

7. 把額外準備 2-3 杯的糖粉撒在烘焙紙上（留一些做最後裝飾），立刻把溫熱的瑪德蓮鋪在糖粉上，用手把瑪德蓮埋入糖粉裡。糖粉會遇熱融化。然後完全放涼。

8. 瑪德蓮放涼後，在表面篩上剩餘的糖粉即完成。

如果硬要說烘焙是體力勞動，那也是心甘情願的。

它是世代相傳的愛。

——蕾吉娜・布瑞特 Regina Brett

不僅是香草瑪德蓮

❧ 印度香料奶茶瑪德蓮 ❧
CHAI TEA MADELEINES

我女兒萊妮在家裡的食物儲藏室塞滿一整個櫃子的茶：綠茶、紅茶、香草茶、白茶、烏龍茶、印度香草茶等等。為了騰出一點櫃子的空間，我決定拿些來萃取，並把濃縮茶液加入基礎麵糊裡。經過多次試驗，我發現印度香料奶茶可以做出最美味的茶香瑪德蓮。成品有著濃醇的風味，並可散發出美妙的香氣。

可做12個瑪德蓮

無鹽奶油6大匙，室溫軟化，另備2大匙塗抹烤盤（可省略）

砂糖½杯

大的蛋1顆，室溫

蜂蜜1大匙

市售印度香料奶茶茶葉4小匙（比如Trader Joe's廠牌）

中筋麵粉½杯又2大匙

1. 在烤箱中層放置金屬網架，烤箱預熱至165°C。在1個12孔的貝殼烤模表面噴灑烹飪噴霧油，或融化額外準備2大匙的奶油，刷塗每個烤模。
2. 奶油和糖加入容量為1900毫升可微波的玻璃碗或量杯裡，微波爐輸出功率設為最低，加熱1-2分鐘後以攪拌器拌勻。如果奶油沒有融化，就分次加熱，每次加熱15秒鐘後攪拌，直到混合糊滑順。
3. 混合糊放涼3-4分鐘，加入蛋攪拌至滑順。
4. 加入蜂蜜充分拌勻。再加入茶葉和麵粉充分拌勻。
5. 使用直徑為3.8公分的冰淇淋挖杓或茶匙，把麵糊舀至烤模裡，裝至三分之二滿。輕輕按壓麵糊，使之平均分布。
6. 放入烤箱烤10-12分鐘，直到瑪德蓮邊緣呈金棕色。這款瑪德蓮與其他相較之下較不膨脹，所以烘烤時眼睛睜大些，不要烤焦了。
7. 把烤盤自烤箱取出，放在置涼架上2-3分鐘，再翻轉烤模把瑪德蓮倒到置涼架上。你也可以用小脫模刀逐個脫模。趁著溫熱時食用，若要冷藏或冷凍，必須先完全放涼。

不僅是香草瑪德蓮

焦糖牛奶瑪德蓮
DULCE DE LECHE MADELEINES

焦糖牛奶醬是南美國家尋常的甜食,卻在美國大受歡迎,目前雜貨店堆滿了存貨(張望一下國際食品區即知)。這款香甜濃稠的甜醬是以甜味煉乳加熱製成的,滋味濃郁、令人沉膩,質地則近似焦糖。在這裡,我把它加入麵糊裡,不過你也可以當成食用時的蘸醬,或者在兩個迷你瑪德蓮間塗上½小匙焦糖牛奶醬做成三明治。

可做24個普通瑪德蓮,或至少72個迷你瑪德蓮

無鹽奶油12大匙,室溫軟化,另備4大匙塗抹烤盤(可省略)

中筋麵粉1杯

泡打粉½小匙

砂糖¾杯

市售罐裝焦糖牛奶醬⅓杯,室溫(如果做瑪德蓮三明治的話,要另備⅓杯)

大的蛋2顆,室溫

鹽之花(可省略)

1. 在烤箱中層放置金屬網架,烤箱預熱至165°C。在2個12孔或4個迷你貝殼烤模表面噴灑烹飪噴霧油,或融化額外準備4大匙的奶油,刷塗每個烤模。
2. 麵粉和泡打粉放入小碗裡混合。
3. 奶油和糖加入容量為1900毫升可微波的玻璃碗或量杯裡,微波爐輸出功率設為最低,加熱1-2分鐘後以攪拌器拌勻。如果奶油沒有融化,就分次加熱,每次加熱15秒鐘後攪拌,直到混合糊滑順。
4. 加入焦糖牛奶醬攪拌到滑順。
5. 混合糊放涼3-4分鐘。逐次加入1顆室溫的蛋攪拌,充分拌勻後才可以加入下一顆。再加入混合好的麵粉充分拌勻,麵糊會非常濃稠。
6. 使用直徑為3.8公分的冰淇淋挖杓或茶匙,把麵糊舀至烤模裡,近滿即可。有準備鹽之花的話,就撒些在麵糊表面上。

7. 放入烤箱烤11-13分鐘，直到瑪德蓮膨脹，頂端出現小裂痕。如果是迷你瑪德蓮的話，就把烘烤時間調降為3-4分鐘。

8. 把烤盤自烤箱取出，放在置涼架上1-2分鐘，再翻轉烤模把瑪德蓮倒到置涼架上。

9. 製作瑪德蓮三明治：瑪德蓮要完全放涼，大約20分鐘，夾餡才不會融化。每個瑪德蓮三明治需要1小匙的焦糖牛奶醬當夾餡（迷你瑪德蓮僅需½小匙），在扁平那面塗上焦糖牛奶醬，再蓋上另一個瑪德蓮即可。

我認為烘製餅乾可比維多利亞女皇統治帝國。
在認真對待自己的事業與圓滿個人生命的層面毫無差別。
——瑪莎・史都華Martha Stewart

不僅是香草瑪德蓮

玫瑰純露瑪德蓮
ROSEWATER MADELEINES

玫瑰純露清新高雅，是把新鮮玫瑰浸潤在熱水裡製成的香精。古時候是藥用，在宗教儀式中則視為香水，甚或當成食材用。從印度拉西*到英國的司康（scone），玫瑰純露是不可或缺的食材。這款瑪德蓮內裡濕潤，外表酥脆，製作時我喜歡在麵糊裡滴上一兩滴紅色的食用色素，成品將是溫柔的粉紅色。想要省事的話，就把麵糊舀入烤模裡，然後在表面撒上粉紅色水晶糖粒再放入烤箱烘烤。

百變瑪德蓮

可做24個瑪德蓮

無鹽奶油12大匙，另備4大匙塗抹烤盤（可省略）

砂糖1杯

大的蛋2顆，室溫

玫瑰純露（rosewater）2小匙

香草萃取液½小匙

紅色食用色素1-2滴，或⅓杯粉紅色水晶糖粒（可省略，兩者皆用亦可）

中筋麵粉1杯

1. 在烤箱中層放置金屬網架，烤箱預熱至180°C。在2個12孔的貝殼烤模表面噴灑烹飪噴霧油，或融化額外準備4大匙的奶油，刷塗每個烤模。

2. 奶油和糖加入容量為1900毫升可微波的玻璃碗或量杯裡，微波爐輸出功率設為最低，加熱1-2分鐘後以攪拌器拌勻。如果奶油沒有融化，就分次加熱，每次加熱15秒鐘後攪拌，直到混合糊滑順。

3. 混合糊放涼3-4分鐘。逐次加入1顆室溫的蛋攪拌，充分拌勻後才可以加入下一顆。接著加入玫瑰純露和香草萃取液充分拌勻。如果有準備食用色素的話，趁此時加入混合糊拌勻。

4. 加入麵粉輕輕攪拌，直到混合均勻。

5. 使用直徑為3.8公分的冰淇淋挖杓或茶匙，把麵糊舀至烤模裡，近滿即可。如果有準備粉紅色水晶糖粒，可撒些在麵糊表面上。

6. 放入烤箱烤11-13分鐘，直到瑪德蓮膨脹，輕壓時略帶彈性。

7. 把烤盤自烤箱取出，放在置涼架上2-3分鐘，再翻轉烤模把瑪德蓮倒到置涼架上。你也可以用小脫模刀逐個脫模。

餅 乾 是 以 奶 油 及 愛 烘 製 而 成 。

——挪威諺語

* 拉西（lassi）：以優格為基底的印度香料飲料。

鳳梨可樂達瑪德蓮
PINA COLADA MADELEINES

鳳梨可樂達是波多黎各的官方雞尾酒，鳳梨、蘭姆酒、萊姆和椰子組合而成的風味，令人瞬間聯想起熱帶海灘。這道瑪德蓮具有相同的魅力。想要增添額外香酥的口感及熱帶風情的話，不妨烘烤前在麵糊表面撒上烘香的澳洲堅果。

可做24個瑪德蓮

無鹽奶油8大匙，另備4大匙塗抹烤盤（可省略）

中筋麵粉¾杯

泡打粉¾小匙

鹽⅛小匙

黑糖壓緊實的¾杯

切碎的罐頭鳳梨⅓杯，含果汁

大的蛋1顆，室溫

蘭姆酒（rum）1大匙

甜味椰絲1½杯，分次使用

白巧克力豆½杯

澳洲堅果（macadamia，又稱夏威夷果仁）¾杯，烘香並切碎（可省略）

1. 在烤箱中層放置金屬網架，烤箱預熱至180°C。在2個12孔的貝殼烤模表面噴灑烹飪噴霧油，或融化額外準備4大匙的奶油，刷塗每個烤模。

2. 麵粉、泡打粉和鹽放入小碗裡混合。

3. 奶油和黑糖加入容量為1900毫升可微波的玻璃碗或量杯裡，微波爐輸出功率設為最低，加熱1-2分鐘後以攪拌器拌勻。如果奶油沒有融化，就分次加熱，每次加熱15秒鐘後攪拌，直到混合糊滑順。放涼到室溫狀態。

4. 加入鳳梨拌勻。再加入蛋、蘭姆酒和1杯椰絲拌至均勻。

5. 加入混合好的麵粉混合均勻，再拌入白巧克力豆。

6. 使用直徑為3.8公分的冰淇淋挖杓或茶匙，把麵糊舀至烤模裡，近滿即可。輕輕按壓麵糊，使之平均分布。在麵糊表面撒上剩餘的½杯椰絲，以及澳洲堅果（有準備的話）。

7. 放入烤箱烤10-12分鐘，直到瑪德蓮膨脹，邊緣呈金棕色。

8. 把烤盤自烤箱取出，放在置涼架上1-2分鐘，再翻轉烤模把瑪德蓮倒到置涼架上。你也可以用小脫模刀逐個脫模。

蛋酒瑪德蓮
EGGNOG MADELEINES

蛋酒是濃郁並充滿香草氣味的聖誕節慶飲料，通常摻入波旁酒並撒上現磨的肉豆蔻粉。把蛋酒加入瑪德蓮麵糊裡，做出的成品是四季皆宜的完美甜點，不過在我家它在聖誕假期最受歡迎，無論有沒有添加烈酒，都充滿節慶的歡樂氣息。

可做 16 個瑪德蓮

無鹽奶油 6 大匙，另備 4 大匙塗抹烤盤（可省略）

中筋麵粉 ¾ 杯

泡打粉 ½ 小匙

鹽 ⅛ 小匙

現磨肉豆蔻粉（nutmeg）1-1½小匙，或市售肉豆蔻粉 2 小匙，隨個人喜好調整，另備少許撒在麵糊表面

砂糖 ½ 杯

蛋 2 顆

蛋酒（eggnog）⅓ 杯，可以用 1大匙蘭姆酒或波旁酒取代 1 大匙份量內的蛋酒

香草豆糊或香草萃取液 1 小匙

1. 在烤箱中層放置金屬網架，烤箱預熱至 180°C。在 2個 12 孔的貝殼烤模表面噴灑烹飪噴霧油，或融化額外準備 4 大匙的奶油，刷塗每個烤模。置旁備用。
2. 麵粉、泡打粉、鹽和肉豆蔻粉放入小碗裡混合。
3. 奶油和糖加入容量為 1900 毫升可微波的玻璃碗或量杯裡，微波爐輸出功率設為最低，加熱 1-2 分鐘後以攪拌器拌勻。如果奶油沒有融化，就分次加熱，每次加熱 15 秒鐘後攪拌，直到混合糊滑順。
4. 混合糊放涼 3-4 分鐘。逐次加入 1 顆室溫的蛋攪拌，充分拌勻後才可以加入下一顆。逐次加入香草豆糊（或萃取液）和蛋酒充分拌勻，再加入混合好的麵粉混合均勻。
5. 使用直徑為 3.8 公分的冰淇淋挖杓或茶匙，把麵糊舀至烤模裡，近滿即可。輕輕按壓麵糊，使之平均分布。在麵糊表面刷上些許肉豆蔻粉。
6. 放入烤箱烤 10-12 分鐘，直到瑪德蓮膨脹，邊緣呈金棕色。

7. 把烤盤自烤箱取出，放在置涼架上1-2分鐘，再翻轉烤模把瑪德蓮倒到置涼架上。你也可以用小脫模刀逐個脫模。然後完全放涼。

製作瑪德蓮之良伴

◇◇◇◇◇◇ 現磨肉豆蔻 ◇◇◇◇◇◇

你可以使用市售肉豆蔻粉，不過如果想要讓它清新甘甜、強調略帶苦韻的風味的話，那就購買全顆肉豆蔻，要用時再以細孔刨絲器刨成細末即可。並不是非要用現磨肉豆蔻取代市售肉豆蔻粉，不過謹記，現刨的香料很容易就用過量。

CH 2

早安，
瑪德蓮

縱使早晨來一片吃剩的蛋糕或者一顆奢華的「巧克力咖啡瑪德蓮」（第78頁）配咖啡並無傷大雅，這些以早餐為主題的瑪德蓮將讓你在飲食上少一些罪惡感。隔日有訪客來用早午餐時，你就可以用奶油起司與燻鮭魚做成的瑪德蓮取代貝果。或者端上口感像藍莓瑪芬（第73頁）或起司丹麥麵包（第70頁）的瑪德蓮。前夜隨手把麵糊拌好，早上一起床就可以把瑪德蓮麵糊丟入烤箱。被現烤「巧克力瑪德蓮」（第54頁）的香味喚醒？我願意！

右頁為「香蕉胡桃瑪德蓮」（第62頁）及「藍莓鮮奶油瑪德蓮」（第73頁）。

巧克力瑪德蓮
MADELEINES AU CHOCOLAT

這是瑪德蓮版本的巧克力可頌——經典的千層酥皮填入黑巧克力碎片。沒有時間或耐心自製巧克力可頌沒關係，製作這款瑪德蓮易如反掌，而且每一口都宛如法式烘焙店出爐的巧克力可頌。濃郁的巧克力醬將香草氣息的小蛋糕襯托得更美味。趁瑪德蓮還溫熱，巧克力內餡還是黏稠濕潤時快快享用。

可做18-20個瑪德蓮

無鹽奶油6大匙，另備4大匙塗抹烤盤（可省略）

中筋麵粉¾杯

泡打粉¾小匙

砂糖⅔杯，另備2大匙撒在麵糊表面（可省略）

大的蛋2顆，室溫

香草豆糊或香草萃取液1小匙

柳橙皮絲1小匙

半甜或苦味巧克力豆½杯

1. 在烤箱中層放置金屬網架，烤箱預熱至180°C。在2個12孔的貝殼烤模表面噴灑烹飪噴霧油，或融化額外準備4大匙的奶油，刷塗每個烤模。

2. 麵粉和泡打粉放入小碗裡混合。

3. 奶油和糖加入容量為1900毫升可微波的玻璃碗或量杯裡，微波爐輸出功率設為最低，加熱1½分鐘或直到融化。

4. 混合糊放涼3-4分鐘。逐次加入1顆室溫的蛋攪拌，充分拌勻後才可以加入下一顆。

5. 加入香草豆糊（或萃取液）和柳橙皮絲繼續攪拌1分鐘，再加入混合好的麵粉拌勻即可。

6. 使用直徑為3.8公分的冰淇淋挖杓或茶匙，把麵糊舀至烤模裡，裝至四分之三滿，在每個麵糊中央撒上3-4顆巧克力豆。用湯匙尖端或脫模刀把巧克力埋入麵糊裡。想吃甜一些的瑪德蓮，就在表面撒上額外準備的砂糖，再放入烤箱烘烤。

7. 放入烤箱烤10-12分鐘，直到瑪德蓮膨脹，邊緣呈金棕色。
8. 把烤盤自烤箱取出，放在置涼架上2-3分鐘，再用小脫模刀逐個脫模。趁熱食用。

想像力有如天馬行空！有時候光是早餐之前，
我就可以相信六件不可思議的事情了。

——路易斯・卡若爾 Lewis Carroll

燻鮭魚、奶油起司與紅洋蔥瑪德蓮
LOX, CREAM CHEESE, AND RED ONION MADELEINES

我家週日早午餐時總會有一盤盤的燻鮭魚、酸豆、番茄、薄片紅洋蔥和塗抹奶油起司的貝果，而這款瑪德蓮嘗起來像得不得了。要使風味更為鮮明的話，請選用煙燻野生鮭魚，並且趁熱享用。

可做14個瑪德蓮

無鹽奶油6大匙，另備4大匙塗抹烤盤（可省略）

中筋麵粉 ¾ 杯

泡打粉 ½ 小匙

砂糖2大匙

大的蛋2顆，室溫

未打發的奶油起司（cream cheese）55公克，切成小丁塊，室溫

切成小丁塊的燻鮭魚 ⅓ 杯

切成小丁塊的紅洋蔥 ¼ 杯

切成小丁塊的青蔥 1-2大匙

1. 在烤箱中層放置金屬網架，烤箱預熱至180°C。在2個12孔的貝殼烤模表面噴灑烹飪噴霧油，或融化額外準備4大匙的奶油，刷塗每個烤模。

2. 麵粉和泡打粉放入小碗裡混合。

3. 奶油和糖加入容量為1900毫升可微波的玻璃碗或量杯裡，微波爐輸出功率設為最低，加熱1½分鐘或直到融化。

4. 混合糊放涼3-4分鐘。逐次加入1顆室溫的蛋攪拌，充分拌勻後才可以加入下一顆。

5. 加入奶油起司，手動或使用手持電動攪拌器拌勻。如果手動攪拌的話，混合糊會有小顆粒。

6. 加入混合好的麵粉拌勻，再加入燻鮭魚、紅洋蔥和青蔥，攪拌至材料分布均勻。

7. 使用直徑為3.8公分的冰淇淋挖杓或茶匙，把麵糊舀至烤模裡，近滿即可。輕輕按壓麵糊，使之平均分布。

8. 放入烤箱烤10-12分鐘，直到瑪德蓮膨脹，輕壓時略帶彈性，並金黃上色。

9. 把烤盤自烤箱取出，放在置涼架上2-3分鐘，再翻轉烤模把瑪德蓮倒到置涼架上。你也可以用小脫模刀逐個脫模。完全放涼後才享用。

南瓜香料瑪德蓮
PUMPKIN SPICE MADELEINES

秋天來臨意味著該尋找完美的南瓜來雕刻，也表示可在著名連鎖咖啡店裡再度享用南瓜香料拿鐵。而這款南瓜香料瑪德蓮，嘗起來好似一片濕潤的南瓜麵包，是你未曾享受過的滋味。事實上，它們美味極了，我們家餐桌一年到頭都有它。

可做16個瑪德蓮（添加核桃或巧克力豆的話可做18或19個）

無鹽奶油6大匙，室溫軟化，另備4大匙塗抹烤盤（可省略）

中筋麵粉 ¾ 杯

泡打粉 ½ 小匙

鹽 ¼ 小匙

肉桂粉 1 小匙

薑粉 ½ 小匙

肉豆蔻粉（nutmeg）½ 小匙

黑糖壓緊實的 ½ 杯

大的蛋2顆，室溫

罐頭純南瓜泥 ¼ 杯

1. 在烤箱中層放置金屬網架，烤箱預熱至180°C。在2個12孔的貝殼烤模表面噴灑烹飪噴霧油，或融化額外準備4大匙的奶油，刷塗每個烤模。

2. 麵粉、泡打粉、鹽和香料放入小碗裡混合（可以用2小匙的市售南瓜派香料取代肉桂粉、薑粉和肉豆蔻粉）。

3. 奶油和糖加入容量為1900毫升可微波的玻璃碗或量杯裡，微波爐輸出功率設為最低，加熱1-2分鐘後以攪拌器拌勻。如果奶油沒有融化的話，就分次加熱，每次加熱15秒鐘後攪拌，直到混合糊滑順。

4. 混合糊放涼3-4分鐘。逐次加入1顆室溫的蛋攪拌，充分拌勻後才可以加入下一顆。接著加入南瓜泥充分拌勻。

5. 加入混合好的麵粉拌勻。麵糊必須非常滑順。有準備的話，就加入切碎的核桃或巧克力豆（將會增加2-3個瑪德蓮）。

百變瑪德蓮

烘香的核桃（walnuts）⅓杯，切
碎，或迷你巧克力豆⅓杯（兩
者擇一，或省略）

6. 使用直徑為3.8公分的冰淇淋挖杓或茶匙，把麵糊
舀至烤模裡，近滿即可。輕輕按壓麵糊，使之平均
分布。

7. 放入烤箱烤10-12分鐘，直到瑪德蓮膨脹，輕壓時
略帶彈性。

8. 把烤盤自烤箱取出，放在置涼架上2-3分鐘，再翻
轉烤模把瑪德蓮倒到置涼架上。你也可以用小脫模
刀逐個脫模。

楓糖穀麥瑪德蓮
MAPLEY GRANOLA MADELEINES

居住在佛蒙特時，我愛極了一年一度的鑽楓樹製糖的儀式。數年前，我先生麥特甚至自行動手，所製作出來的純味楓糖滋味無可取代。我用早餐的兩種主食——楓糖與穀麥來做這款瑪德蓮，我喜歡配上一小盅香草或原味希臘優格一起吃。

可做 12-14 個瑪德蓮

無鹽奶油6大匙，另備2大匙塗抹烤盤（可省略）

中筋麵粉 ¾ 杯

泡打粉 ¾ 小匙

鹽 ¼ 小匙

砂糖 ¼ 杯

黑糖壓緊實的 ¼ 杯

大的蛋1顆，室溫

純的楓糖 ¼ 杯（顏色越深，味道越強烈）

穀麥（granola）*1 杯

1. 在烤箱中層放置金屬網架，烤箱預熱至180℃。在2個12孔的貝殼烤模表面噴灑烹飪噴霧油，或融化額外準備2大匙的奶油，刷塗每個烤模。
2. 麵粉、泡打粉和鹽放入小碗裡混合。
3. 奶油和糖加入容量為1900毫升可微波的玻璃碗或量杯裡，微波爐輸出功率設為最低，加熱1-2分鐘後以攪拌器拌勻。如果奶油沒有融化，就分次加熱，每次加熱15秒鐘後攪拌，直到混合糊滑順。
4. 混合糊放涼3-4分鐘，加入蛋攪拌至滑順。接著加入楓糖和混合好的麵粉充分拌勻。
5. 使用直徑為3.8公分的冰淇淋挖杓或茶匙，把麵糊舀至烤模裡，近滿即可。在每個烤模的麵糊表面撒上1大匙穀麥，再輕輕壓入麵糊裡。
6. 放入烤箱烤10-12分鐘，直到瑪德蓮略為膨脹。
7. 把烤盤自烤箱取出，放在置涼架上2-3分鐘，再翻轉烤模把瑪德蓮倒到置涼架上。你也可以用小脫模刀逐個脫模。

* 穀麥（granola）：以燕麥片、堅果、果乾和蜂蜜為原料烘烤而成的食物。可當早餐或零食，通常是散狀包裝，也有做成長條狀以方便食用。

✦ 香蕉胡桃瑪德蓮 ✦
BANANA PECAN MADELEINES

果籃裡有一堆過熟又來不及吃完的香蕉時，就來做這款瑪德蓮吧。它們嘗起來就像濕潤且濃郁的香蕉麵包。

可做12個瑪德蓮

無鹽奶油6大匙，室溫軟化，另備2大匙塗抹烤盤（可省略）

中筋麵粉 ½ 杯又2大匙

泡打粉 ½ 小匙

鹽 ¼ 小匙

黑糖壓緊實的 ½ 杯

大的蛋1顆，室溫

香草豆糊或香草萃取液 ½ 小匙

壓碎的香蕉泥 ⅓ 杯（約1根中型香蕉）

烘香的無鹽胡桃（pecans）⅓ 杯，切碎

1. 在烤箱中層放置金屬網架，烤箱預熱至180°C。在1個12孔的貝殼烤模表面噴灑烹飪噴霧油，或融化額外準備2大匙的奶油，刷塗每個烤模。

2. 麵粉、泡打粉和鹽放入小碗裡混合。

3. 奶油和糖加入容量為1900毫升可微波的玻璃碗或量杯裡，微波爐輸出功率設為最低，加熱1-2分鐘後以攪拌器拌勻。如果奶油沒有融化，就分次加熱，每次加熱15秒鐘後攪拌，直到混合糊滑順。

4. 混合糊放涼3-4分鐘，加入蛋攪拌至滑順。加入香草豆糊（或萃取液）和香蕉拌勻，再加入混合好的麵粉，拌至滑順。最後再拌入胡桃。

5. 使用直徑為3.8公分的冰淇淋挖杓或茶匙，把麵糊舀至烤模裡，近滿即可。輕輕按壓麵糊，使之平均分布。

6. 放入烤箱烤10-12分鐘，直到瑪德蓮膨脹，邊緣呈金棕色。

7. 把烤盤自烤箱取出，放在置涼架上2-3分鐘，再翻轉烤模把瑪德蓮倒到置涼架上。你也可以用小脫模刀逐個脫模。

芙蘭絲式蘋果瑪德蓮
FRANCIE'S APPLE MADELEINES

蘋果派、蘋果三角酥、翻轉蘋果塔等等，這個我們要天天吃以遠離醫生的水果，可做出好吃到天理難容的糕點。這款瑪德蓮的的靈感來自好友芙蘭絲分享給我的食譜。她的法國姥姥愛麗絲做出來的蘋果三角酥超級美味，想當然耳被我改造成瑪德蓮。趁著溫熱時，配上一球香草冰淇淋吃，如果你早餐不吃冰淇淋的話，就舀一杓希臘優格吧。

百變瑪德蓮

可做24個瑪德蓮

無鹽奶油10大匙，融化並放涼，
　　另備4大匙塗抹烤盤（可省略）

中筋麵粉1杯

鹽¼小匙

肉桂粉3½小匙，分次使用

大的蛋2顆，室溫

砂糖⅔杯，另備少許撒在麵糊表
　　面（可省略）

香草萃取液2小匙

現刨檸檬皮絲1小匙

去皮並切成丁塊的蘋果1杯

1. 在烤箱中層放置金屬網架，烤箱預熱至180℃。在2個12孔的貝殼烤模表面噴灑烹飪噴霧油，或融化額外準備4大匙的奶油，刷塗每個烤模。

2. 麵粉、鹽和1½小匙的肉桂粉放入小碗裡混合。

3. 蛋和糖加入桌上型電動攪拌器的碗裡。使用槳狀攪拌頭，開中速攪拌3-4分鐘，轉成高速攪拌，直到混合糊輕盈蓬鬆，大約4-5分鐘。加入香草萃取液、剩餘的2小匙肉桂粉和檸檬皮絲再攪拌1分鐘。

4. 關掉攪拌器。把攪拌碗自攪拌器移出，加入混合好的麵粉，用小矽膠刮刀拌勻即可。淋入融化的奶油並輕輕拌勻，最後才拌入蘋果丁。

5. 使用直徑為3.8公分的冰淇淋挖杓或茶匙，把麵糊舀至烤模裡，近滿即可。輕輕按壓麵糊，使之平均分布。喜歡的話就在麵糊表面撒上些許砂糖。

6. 放入烤箱烤9-12分鐘，直到瑪德蓮膨脹，邊緣呈金棕色。

7. 把烤盤自烤箱取出，放在置涼架上2-3分鐘，再翻轉烤模把瑪德蓮倒到置涼架上。你也可以用小脫模刀逐個脫模。如果打算冷藏或冷凍，就要完全放涼。瑪德蓮出爐後，趁著還溫熱時食用最美味。

縱使我知道明天世界即將分崩離析，

我也要種下我的蘋果樹。

——馬丁·路德 Martin Luther

早安，瑪德蓮

花生醬果凍瑪德蓮
PEANUT BUTTER AND JELLY MADELEINES

毫無疑問，這是最經典的童年三明治：花生醬果凍三明治裡鹹香帶甜滋的風味令人難以抗拒。這也是我為何把上班族午餐袋的明星美食改頭換面成瑪德蓮。你可以隨個人喜好更換果醬，或用粗粒花生醬取代滑順花生醬。千萬記得要與冰涼的牛奶一起吃。

百變瑪德蓮

可做12個瑪德蓮

無鹽奶油6大匙，室溫軟化，另備2大匙塗抹烤盤（可省略）

中筋麵粉 ½ 杯

泡打粉 ½ 小匙

鹽 ¼ 小匙（使用鹹味花生醬的話就省略）

黑糖壓緊實的 ½ 杯

大的蛋1顆，室溫

香草萃取液 ½ 小匙

原味糊狀花生醬 ⅓ 杯

葡萄果醬 ⅓ 杯（或個人喜歡的口味）

1. 在烤箱中層放置金屬網架，烤箱預熱至165℃。在1個12孔的貝殼烤模表面噴灑烹飪噴霧油，或融化額外準備2大匙的奶油，刷塗每個烤模。
2. 麵粉、泡打粉和鹽（有準備的話）放入小碗混合。
3. 奶油和糖加入容量為1900毫升可微波的玻璃碗或量杯裡，微波爐輸出功率設為最低，加熱1½分鐘或直到融化。
4. 混合糊放涼3-4分鐘。加入蛋和香草萃取液拌勻。再加入混合好的麵粉和花生醬拌至滑順。混合糊必須黏稠並閃閃發亮。
5. 使用直徑為3.8公分的冰淇淋挖杓或茶匙，把麵糊舀至烤模裡，裝至四分之三滿。輕輕按壓麵糊，使之平均分布。在每個麵糊中央舀入½小匙果醬，輕壓使其略為埋入麵糊裡。

6. 放入烤箱烤10-12分鐘，直到瑪德蓮膨脹，邊緣呈金棕色。
7. 把烤盤自烤箱取出，放在置涼架上2-3分鐘，再翻轉烤模把瑪德蓮倒到置涼架上。你也可以用小脫模刀逐個脫模。然後完全放涼。

我真心以為烹飪是愛，你覺得呢？
最美好的事情不過是為心愛的人做菜，
這是慶祝情人節最好的方式。

——茱莉雅‧柴爾德Julia Child

✦ 陽光瑪德蓮 ✦
SUNSHINE MADELEINES

我愛極了元氣早餐瑪芬＊，於是成為這款瑪德蓮的靈感來源。它嘗起來有點像胡蘿蔔蛋糕，還夾帶著鳳梨的滋味，製作時盡情加入喜愛的食材吧。大膽地把胡桃換成核桃，加入葡萄乾、椰絲，甚至拿一半或全部的白麵粉用全麥麵粉代替。把它與輕盈蓬鬆的奶油起司抹醬一起端上桌，享用好似甜點的健康早餐。

可做16-18個瑪德蓮

無鹽奶油4大匙，塗抹烤盤（可省略）

中筋麵粉 ¾ 杯

泡打粉 ¾ 小匙

食用小蘇打 ¼ 小匙

鹽 ⅛ 小匙

肉桂粉 1 小匙

黑糖壓緊實的 ½ 杯

蔬菜油 ⅓ 杯

大的蛋 1 顆，室溫

切碎的鳳梨 ½ 杯，濾去果汁

刨成絲的胡蘿蔔 ½ 杯（用食物調理機處理比較省時）

核桃（walnuts）或胡桃（pecans）⅓ 杯，切碎

1. 在烤箱中層放置金屬網架，烤箱預熱至180°C。在2個12孔的貝殼烤模表面噴灑烹飪噴霧油，或融化額外準備4大匙的奶油，刷塗每個烤模。

2. 麵粉、泡打粉、食用小蘇打、鹽和肉桂粉放入小碗裡混合。

3. 黑糖和蔬菜油加入容量為1900毫升可微波的玻璃碗或量杯裡，以攪拌器拌至滑順。再加入蛋攪拌至完全混合。

4. 加入鳳梨、胡蘿蔔和堅果混合均勻。再加入麵粉拌勻即可。

5. 使用直徑為3.8公分的冰淇淋挖杓或茶匙，把麵糊舀至烤模裡，近滿即可。輕輕按壓麵糊，使之平均分布。

6. 放入烤箱烤10-12分鐘，直到瑪德蓮膨脹，輕壓時略帶彈性。

7. 把烤盤自烤箱取出，放在置涼架上2-3分鐘，再翻轉烤模把瑪德蓮倒到置涼架上。你也可以用小脫模刀逐個脫模。

奶油起司抹醬

無鹽奶油8大匙，室溫軟化

未打發的奶油起司（cream
　　cheese）170公克

香草豆糊或香草萃取液2小匙

糖粉2¼杯

奶油起司抹醬

所有材料加入桌上型電動攪拌器的碗裡（使用手持電動攪拌器的話用中型碗）。使用槳狀攪拌頭，開低速攪拌1分鐘，轉成中至高速攪拌4-5分鐘，直到混合糊輕盈蓬鬆。用抹刀塗到瑪德蓮表面。沒用完的抹醬可以冷藏3天。

69

* 元氣早餐瑪芬（morning glory muffins）：美國流行的早餐餐點，其特色是瑪芬麵糊裡添加各式水果、蔬菜及堅果，提供完整的營養素及飽足感，藉此開始精神奕奕的一天。

起司丹麥瑪德蓮
CHEESE DANISH MADELEINES

這種通常是填入起司的圓形烘焙品在美國叫丹麥麵包，但它其實來自奧地利的維也納。千層酥皮裡千變萬化的內餡——從巧克力與起司到卡士達與果醬——使它成為早餐寵兒。這款瑪德蓮的瑞可達起司餡滋味濃郁，口感卻十分輕盈，因此吃起來不像丹麥麵包般厚實，美味程度卻是不相上下。

可做16個瑪德蓮

無鹽奶油6大匙，另備4大匙塗抹烤盤（可省略）

砂糖 ½ 杯

大的蛋1顆及1個蛋白

香草豆糊或香草萃取液 ½ 小匙

杏仁萃取液 ¼ 小匙

中筋麵粉 ½ 杯

泡打粉 ½ 小匙

杏仁薄片 ⅓ 杯

1. 在烤箱中層放置金屬網架，烤箱預熱至180°C。在2個12孔的貝殼烤模表面噴灑烹飪噴霧油，或融化額外準備4大匙的奶油，刷塗每個烤模。
2. 奶油和糖加入容量為1900毫升可微波的玻璃碗或量杯裡，微波爐輸出功率設為最低，加熱1-2分鐘後以攪拌器拌勻。如果奶油沒有融化，就分次加熱，每次加熱15秒鐘後攪拌，直到混合糊滑順。
3. 混合糊放涼3-4分鐘，加入蛋、蛋白、香草和杏仁萃取液充分拌勻。
4. 麵粉和泡打粉放入另一個碗裡混合，再加入混合糊裡拌勻即可。
5. 使用直徑為3.8公分的冰淇淋挖杓或茶匙，把麵糊舀至烤模裡，近滿即可。輕輕按壓麵糊，使之平均分布。烤模暫置一旁，接著做填餡。

瑞可達起司餡

全脂瑞可達起司（ricotta）¾ 杯

砂糖 ⅓ 杯

蛋黃 1 個

現刨檸檬皮絲 ½ 小匙

現刨柳橙皮絲 ½ 小匙

香草萃取液 ½ 小匙

6. 所有瑞可達起司餡的材料加入中型碗拌勻。

7. 在每個麵糊中央舀入 ¾ 小匙餡料，使其完全埋入麵糊裡，然後撒上杏仁片。

8. 放入烤箱烤 10-12 分鐘，直到瑪德蓮膨脹，邊緣呈金棕色。

9. 把烤盤自烤箱取出，放在置涼架上 2-3 分鐘，再翻轉烤模把瑪德蓮倒到置涼架上。你也可以用小脫模刀逐個脫模。

藍莓鮮奶油瑪德蓮
BLUEBERRY-CREAM MADELEINES

我童年的夏日記憶包括一大碗新鮮飽滿的藍莓，我媽把它們放入各種食物裡：煎餅、薄餅、冰淇淋淋醬，當然還有瑪芬。這款瑪德蓮是我從她的瑪芬食譜改編而來，我喜歡一出爐就配上一小盅奶油起司抹醬（第69頁）大快朵頤。

可做18個瑪德蓮

無鹽奶油6大匙，另備4大匙塗抹烤盤（可省略）

中筋麵粉 ½ 杯

泡打粉 ½ 小匙

鹽 ¼ 小匙

砂糖 ¾ 杯，分次使用

大的蛋2顆，室溫

香草豆糊或香草萃取液1小匙

未打發鮮奶油1大匙

新鮮藍莓 ¾ 杯（使用冷凍藍莓的話，使用前才自冷凍室取出，否則會讓麵糊染成藍色）

1. 在烤箱中層放置金屬網架，烤箱預熱至180°C。在2個12孔的貝殼烤模表面噴灑烹飪噴霧油，或融化額外準備4大匙的奶油，刷塗每個烤模。

2. 麵粉、泡打粉和鹽放入小碗裡混合。

3. 奶油和 ½ 杯的糖加入容量為1900毫升可微波的玻璃碗或量杯裡，微波爐輸出功率設為最低，加熱1½分鐘或直到融化。

4. 混合糊放涼3-4分鐘。逐次加入1顆室溫的蛋攪拌，充分拌勻後才可以加入下一顆。

5. 加入混合好的麵粉、香草豆糊（或萃取液）和鮮奶油，拌至滑順。

6. 加入藍莓，用小矽膠刮刀拌勻。

7. 使用直徑為3.8公分的冰淇淋挖杓或茶匙，把麵糊舀至烤模裡，近滿即可。輕輕按壓麵糊，使之平均分布。在麵糊表面撒上剩餘的砂糖。

8. 放入烤箱烤10-12分鐘，直到瑪德蓮膨脹，輕壓時略帶彈性。

9. 把烤盤自烤箱取出，放在置涼架上2-3分鐘，再翻轉烤模把瑪德蓮倒到置涼架上。你也可以用小脫模刀逐個脫模。

橙香蔓越莓瑪德蓮
ORANGEY CRANBERRY MADELEINES

厚切橙香蔓越莓磅蛋糕長久以來深受我客戶的喜愛。這個食譜的瑪德蓮除了擁有相同的橙香蔓越莓風味，還點綴烘香的核桃和現刨的柳橙皮絲。可以用冷凍或罐裝柳橙汁取代現榨橙汁，核桃也可以換成胡桃。

可做16個瑪德蓮

無鹽奶油6大匙，室溫軟化，另備4大匙塗抹烤盤（可省略）

中筋麵粉¾杯

泡打粉1小匙

食用小蘇打¼小匙

鹽1撮

砂糖½杯

大的蛋1顆，室溫

柳橙汁3大匙

現刨柳橙皮絲1小匙

香草萃取液½小匙

蔓越莓（cranberries）¾杯，新鮮或冷凍皆可

核桃（walnuts）½杯，烘香並切碎

1. 在烤箱中層放置金屬網架，烤箱預熱至180°C。在2個12孔的貝殼烤模表面噴灑烹飪噴霧油，或融化額外準備4大匙的奶油，刷塗每個烤模。

2. 麵粉、泡打粉、食用小蘇打和鹽放入小碗裡混合。

3. 奶油和糖加入容量為1900毫升可微波的玻璃碗或量杯裡，微波爐輸出功率設為最低，加熱1-2分鐘或直到融化。

4. 混合糊放涼3-4分鐘，加入蛋拌勻，再加入柳橙皮絲、柳橙汁和香草萃取液拌勻。

5. 加入混合好的麵粉拌勻，再加入蔓越莓和核桃，攪拌至材料分布均勻。

6. 使用直徑為3.8公分的冰淇淋挖杓或茶匙，把麵糊舀至烤模裡，近滿即可。輕輕按壓麵糊，使之平均分布。

7. 放入烤箱烤10-13分鐘，直到瑪德蓮膨脹，邊緣呈金棕色，輕壓時略帶彈性。

8. 把烤盤自烤箱取出，放在置涼架上2-3分鐘，再翻轉烤模把瑪德蓮倒到置涼架上。你也可以用小脫模刀逐個脫模。

製作瑪德蓮之良伴

錐形榨汁器

錐形榨汁器是手動廚房用具，專門用來絞出切成半顆柑橘類的果汁。市面上有許多款式，不過我偏愛一只希臘製，用橄欖木做成的老傢伙。粗圓的手把握感很好，也不會滑手。

濃醇與奢華的
巧克力瑪德蓮

滋味醇厚，魅惑無敵，巧克力瑪德蓮與普魯斯特浸入菩提花茶中的經典瑪德蓮完全不同。我認為它們更美味！你說，難道巧克力不會讓任何食物更誘人？從靈感來自我獲獎的餅乾「巧克力咖啡瑪德蓮」（第78頁），到經典的巧克力組合，比如「填鑲苦甜巧克薄荷瑪德蓮」（第80頁）和「花生瑪德蓮蘸巧克力醬」（第88頁），本章的食譜肯定讓你靈魂裡的巧克力癮頭得到饜足。

右頁為「花生瑪德蓮蘸巧克力醬」（第88頁）及「巧克力咖啡瑪德蓮」（第78頁）。

苦味巧克力咖啡瑪德蓮
DARK CHOCOLATE ESPRESSO MADELEINES

打從我買了第一個瑪德蓮烤盤，開始研發個人的配方開始，就想盡辦法在麵糊裡加入巧克力。這個執念讓我受益匪淺——一九八〇年我在舊金山博覽會參加吉拉德鷹牌巧克力所舉辦的全美國巧克力餅乾大賽時，以「舊金山巧克力乳脂軟糖」奪得首獎，它是介於布朗尼、軟糖和濃郁的巧克力蛋糕之間的甜食。這個配方還贏得《巧克力癮》雜誌第一屆極致巧克力挑戰的優秀可可食譜大賞，而今我用它來製作巧克力咖啡瑪德蓮。我喜歡趁熱配上一球香草冰淇淋享用。

可做24個瑪德蓮

無鹽奶油12大匙，室溫軟化，另備4大匙塗抹烤盤（可省略）

砂糖1杯

半甜或苦甜巧克力豆1杯（可以用110公克切碎的半甜巧克力代替）

即溶義式濃縮咖啡粉（espresso）1大匙，融入 ⅓ 杯溫水（可以用 ⅓ 杯黑咖啡粉或2大匙即溶濃縮咖啡粉對上 ⅓ 杯溫水）

大的蛋2顆，室溫

1. 在烤箱中層放置金屬網架，烤箱預熱至165℃。在2個12孔的貝殼烤模表面噴灑烹飪噴霧油，或融化額外準備4大匙的奶油，刷塗每個烤模。

2. 奶油、糖、巧克力和義式濃縮咖啡粉加入容量為1900毫升可微波的玻璃碗或量杯裡，微波爐輸出功率設為最低，加熱1-2分鐘後以攪拌器拌勻。如果奶油沒有融化，就分次加熱，每次加熱15秒鐘後攪拌，直到混合糊滑順。也可以把這些食材放入雙層鍋（double boiler）的上層，下層的水燒至微滾，邊隔水加熱，邊用法式手動攪拌器拌至均勻，然後離火。

3. 混合糊放涼3-4分鐘。逐次加入1顆室溫的蛋攪拌，充分拌勻後才可以加入下一顆。加入麵粉和可可粉充分拌勻。麵糊必須濃稠並閃閃發亮。

中筋麵粉1杯

無糖可可粉 ½ 杯，荷式處理法可可粉或原味可可粉皆可

巧克力醬

半甜巧克力豆2杯

4. 使用直徑為3.8公分的冰淇淋挖杓或茶匙，把麵糊舀至烤模裡，近滿即可。輕輕按壓麵糊，使之平均分布。

5. 放入烤箱烤10-13分鐘，直到瑪德蓮膨脹，中央凸出的亮點凝結。可能會出現小裂痕，小心不要烤焦。

6. 把烤盤自烤箱取出，放在置涼架上2-3分鐘，再翻轉烤模把瑪德蓮倒到置涼架上。你也可以用小脫模刀逐個脫模，務必完全放涼。

巧克力醬

1. 巧克力放入容量為1900毫升可微波的玻璃碗或量杯裡，微波爐輸出功率設為最低，加熱1-2分鐘後以攪拌器拌勻。如果巧克力沒有融化，就分次加熱，每次加熱15秒鐘後攪拌，直到混合糊滑順。

2. 在烘烤餅乾的平盤或大的鐵網架上鋪一張上蠟的烘焙紙。捏住瑪德蓮平口那端，尖頭那端去蘸溫熱的巧克力醬，大約蘸三分之一個瑪德蓮。提起瑪德蓮，扁平那面在碗的邊緣刮幾下，把多餘的巧克力醬刮掉。然後放置烘焙紙上30-60分鐘，直到巧克力醬凝固。

填鑲苦甜巧克薄荷瑪德蓮
STUFFED BITTERSWEET CHOCOLATE MINT SEASHELLS

這則食譜完美結合薄荷和巧克力，此款瑪德蓮是由我媽拿手的薄荷巧克力布朗尼改編而成。我喜歡用小海貝烤模來烤。

可做46個小海貝餅乾
或24個瑪德蓮

無鹽奶油12大匙，室溫軟化，另備4大匙塗抹烤盤（可省略）

半甜或苦甜巧克力豆1杯

無糖巧克力55公克，切碎

砂糖1杯

薄荷萃取液1½小匙

大的蛋2顆，室溫

中筋麵粉1杯

無糖可可粉½杯，荷式處理法可可粉或原味可可粉皆可

半甜巧克力豆½杯

白巧克力豆½杯

1. 在烤箱中層放置金屬網架，烤箱預熱至180℃。在2個小海貝烤模或2個12孔的貝殼烤模表面噴灑烹飪噴霧油，或融化額外準備4大匙的奶油，刷塗每個烤模。

2. 奶油、巧克力豆、切碎的無糖巧克力、糖和⅓杯清水加入容量為1900毫升可微波的玻璃碗或量杯裡，微波爐輸出功率設為最低，加熱1-2分鐘後以攪拌器拌勻。如果奶油沒有融化，就分次加熱，每次加熱15秒鐘後攪拌，直到混合糊滑順。

3. 混合糊放涼3-4分鐘。加入薄荷萃取液和蛋，每次加入1顆蛋攪拌，充分拌勻後才可以加入下一顆。再加入麵粉和可可粉充分拌勻。

4. 使用直徑為3.8公分的冰淇淋挖杓或茶匙，把麵糊舀至烤模裡，近滿即可。在每個麵糊中央撒上2顆白巧克力豆和2顆半甜巧克力豆，再把巧克力埋入麵糊裡。

5. 放入烤箱烤10-12分鐘，直到瑪德蓮膨脹，中央凸出的亮點凝結。可能會出現小裂痕，小心不要烤焦。

6. 把烤盤自烤箱取出，放在置涼架上2-3分鐘，再翻轉烤模把瑪德蓮倒到置涼架上。你也可以用小脫模刀逐個脫模。趁著溫熱時食用，要冷藏或冷凍的話，就要完全放涼。

軟心巧克力瑪德蓮
MOLTEN MADELEINES

軟心巧克力蛋糕在一九八○年代曾風靡一時，這完全歸功於尚-喬治・馮格里荷頓（Jean-Georges Vongerichten）主廚，世所公認這款精緻的甜點是由他創造。有些烘焙師用複雜的手法讓蛋糕柔軟得好似舒芙蕾，不過要使瑪德蓮也擁有絲綢般內心的方法很簡單：烘烤前在每個烤模的麵糊裡塞入數顆巧克力豆即可。巧克力豆沉入麵糊中央，在瑪德蓮放涼後，柔軟黏稠的狀態會維持好長一段時間。

可做 24 個瑪德蓮

中筋麵粉 ½ 杯

糖粉 1½ 杯

無鹽奶油 10 大匙，室溫軟化，另備 4 大匙塗抹烤盤（可省略）

無糖巧克力 110 公克，切碎

半甜巧克力 225 公克，切碎，或半甜巧克力豆 2 杯

大的蛋 3 顆，室溫

香草萃取液 1 小匙

即溶濃縮咖啡粉 1 小匙

1. 麵粉和糖粉放入小碗裡混合。
2. 在烤箱中層放置金屬網架，烤箱預熱至 180°C。在 2 個小海貝烤模或 2 個 12 孔的貝殼烤模表面噴灑烹飪噴霧油，或融化額外準備 4 大匙的奶油，刷塗每個烤模。
3. 奶油、無糖巧克力和半甜巧克力加入容量為 1900 毫升可微波的玻璃碗或量杯裡，微波爐輸出功率設為最低，加熱 1½ 分鐘後以攪拌器拌勻。如果巧克力沒有融化，就分次加熱，每次加熱 15 秒鐘後攪拌，直到混合糊滑順。
4. 混合糊放涼 3-4 分鐘。逐次加入 1 顆室溫的蛋攪拌，充分拌勻後才可以加入下一顆。加入香草萃取液和咖啡粉充分混合，再加入麵粉拌至滑順。

軟心內餡

半甜巧克力豆⅔杯

5. 使用直徑為3.8公分的冰淇淋挖杓或茶匙，把麵糊舀至烤模裡，近滿即可。在每個麵糊中央撒上6-7顆巧克力豆，輕輕按壓麵糊，使之平均分布，並覆蓋巧克力豆。

6. 放入烤箱烤7-8分鐘，直到瑪德蓮中央的顏色變深並發亮，而邊緣則緊實並烤熟了。

7. 把烤盤自烤箱取出。想要柔軟、內餡黏稠的成品的話，立刻用小脫模刀把瑪德蓮脫模至盤裡。如果想要較緊實的口感，就在烤盤裡放涼10-15分鐘，再用小脫模刀脫模。

巧克力製品皆屬佳品。

——喬布·蘭德 Jo Brand

濃醇與奢華的巧克力瑪德蓮

雪球瑪德蓮
SNOWBALL MADELEINES

儘管名字冷冰冰的，這甜食卻充滿熱帶風情。萊檬酸嗆的風味及強烈的香氣，與甜膩的白巧克力和糖粉簡直是天作之合。如果你找不到新鮮萊檬，可以用罐裝果汁（比如 Nellie & Joe's 廠牌的萊檬汁）代替，大部分的超市都有販售。

可做24個瑪德蓮

無鹽奶油12大匙，室溫軟化，另備4大匙塗抹烤盤（可省略）

糖粉1½杯

新鮮萊檬（Key lime）皮絲1小匙

新鮮萊檬果汁2小匙，可用罐裝果汁

大的蛋1顆，室溫

香草萃取液½小匙

中筋麵粉½杯

玉米粉（cornstarch）*1杯

白巧克力140公克，切碎，或白巧克力豆1杯

裝飾的材料

糖粉2杯

白色裝飾晶糖（可省略）

1. 在烤箱中層放置金屬網架，烤箱預熱至180°C。在2個12孔的貝殼烤模表面噴灑烹飪噴霧油，或融化額外準備4大匙的奶油，刷塗每個烤模。

2. 以桌上型或手持電動攪拌器拌合奶油和糖粉，開低速攪打4-5分鐘。加入萊檬皮絲、萊檬果汁、蛋和香草萃取液，把速度調至中速繼續攪打，直到混合糊輕盈蓬鬆，大約2-3分鐘。

3. 麵粉和玉米粉放入另一個碗裡混合。再加到混合糊裡，開低速攪拌到充分混合，然後拌入巧克力。

4. 使用直徑為3.8公分的冰淇淋挖杓或茶匙，把麵糊舀至烤模裡，近滿即可。輕輕按壓麵糊，使之平均分布。

5. 放入烤箱烤10-12分鐘，直到瑪德蓮膨脹，邊緣呈棕色。

6. 把烤盤自烤箱取出，放在置涼架上2-3分鐘。這些瑪德蓮非常細緻，所以用小脫模刀逐個脫模。要完全放涼。

7. 瑪德蓮在襯有烘焙紙的烤盤上放涼，再撒上糖粉。有準備的話，端上桌前撒些裝飾糖。

* 玉米粉（cornstarch）：玉米磨成的細粉，用以勾芡增稠，類似國人慣用的太白粉。

橙酒巧克力塊瑪德蓮

CHOCOLATE CHUNK GRAND MARNIER MADELEINES

苦味巧克力與散發甜橙芳香的干邑橙酒在此是魔力組合。如果真的想要省略橙酒的話，不含酒精的冷凍濃縮橙汁是很好的替代食材。苦甜及超苦巧克力在甜橙風味中脫穎而出，因此無論你加不加烈酒，巧克力及柳橙的組合肯定令你驚豔。

可做24個瑪德蓮

無鹽奶油12大匙，室溫軟化，另備4大匙塗抹烤盤（可省略）

砂糖1杯

大的蛋2顆，室溫

柳橙萃取液1小匙

香草萃取液½小匙

新鮮柳橙皮絲1小匙

干邑橙酒（Grand Marnier）¼杯，可以用其他橙味利口酒（liqueur）或濃縮橙汁代替

中筋麵粉1½杯

苦甜或半甜苦味巧克力200公克，切成丁塊

1. 在烤箱中層放置金屬網架，烤箱預熱至180℃。在2個12孔的貝殼烤模表面噴灑烹飪噴霧油，或融化額外準備4大匙的奶油，刷塗每個烤模。

2. 奶油和糖加入容量為1900毫升可微波的玻璃碗或量杯裡，微波爐輸出功率設為最低，加熱1-2分鐘後以攪拌器拌勻。如果奶油沒有融化，就分次加熱，每次加熱15秒鐘後攪拌，直到混合糊滑順。

3. 混合糊放涼3-4分鐘。逐次加入1顆室溫的蛋攪拌，充分拌勻後才可以加入下一顆。接著加入2種萃取液、柳橙皮絲和橙酒充分混合，再加入麵粉拌勻即可。

4. 以保鮮膜封住玻璃碗，放入冰箱冷藏至冰涼，約30分鐘。再加入巧克力拌至均勻——冷藏的步驟可以防止巧克力加入麵糊時融化。

5. 使用直徑為3.8公分的冰淇淋挖杓或茶匙，把麵糊舀至烤模裡，近滿即可。輕輕按壓麵糊，使之平均分布。

6. 放入烤箱烤11-13分鐘，直到瑪德蓮膨脹，中央凸出的亮點凝結。可能會出現小裂痕，邊緣必須呈現淡棕色，小心不要烤焦了。

7. 把烤盤自烤箱取出，放在置涼架上2-3分鐘，再翻轉烤模把瑪德蓮倒到置涼架上。你也可以用小脫模刀逐個脫模。

你所需要的只是愛，然而不時來點巧克力也無妨。

——查爾斯·舒茲 Charles M. Shultz

濃醇與奢華的巧克力瑪德蓮

花生瑪德蓮蘸巧克力醬
CHOCOLATE-DIPPED PEANUT BUTTER MADELEINES

這款瑪德蓮的靈感來自最受人喜愛的口味組合之一：巧克力和花生。我認為苦味和苦甜巧克力讓它足以媲美令Reese聲名鵲起的花生醬巧克力經典杯。外表酥脆而內層柔軟黏牙，恰如其分的濃郁，一個肯定無法塞牙縫。

可做24個瑪德蓮

無鹽奶油8大匙，室溫軟化，另備4大匙塗抹烤盤（可省略）

砂糖1杯

大的蛋2顆，室溫

原味花生醬⅔杯，滑順或粗粒皆可

香草豆糊或萃取液1小匙

中筋麵粉1杯

鹽½小匙

苦味或半甜巧克力豆2杯，或半甜巧克力225公克，略切

1. 在烤箱中層放置金屬網架，烤箱預熱至180℃。在2個12孔的貝殼烤模表面噴灑烹飪噴霧油，或融化額外準備4大匙的奶油，刷塗每個烤模。

2. 奶油和糖加入容量為1900毫升可微波的玻璃碗或量杯裡，微波爐輸出功率設為最低，加熱1-2分鐘後以攪拌器拌勻。如果奶油沒有融化，就分次加熱，每次加熱15秒鐘後攪拌，直到混合糊滑順。

3. 混合糊放涼3-4分鐘。逐次加入1顆室溫的蛋攪拌，充分拌勻後才可以加入下一顆。接著加入花生醬充分拌勻，再加入香草豆糊（或萃取液）、麵粉和鹽拌勻即可。

4. 使用直徑為3.8公分的冰淇淋挖杓或茶匙，把麵糊舀至烤模裡，近滿即可。輕輕按壓麵糊，使之平均分布。

5. 放入烤箱烤10-12分鐘，直到瑪德蓮膨脹，中央凸出的亮點凝結。可能會出現小裂痕，邊緣必須呈現淡棕色，小心不要烤焦了。

蜜炙或原味花生粒⅔杯，切成細粒

6. 把烤盤自烤箱取出，放在置涼架上 1-2 分鐘，再翻轉烤模把瑪德蓮倒到置涼架上。你也可以用小脫模刀逐個脫模。要完全放涼。

7. 製作巧克力醬：巧克力加入容量為 1900 毫升可微波的玻璃碗或量杯裡，微波爐輸出功率設為最低，加熱 1-2 分鐘後以攪拌器拌勻。如果巧克力沒有融化，就分次加熱，每次加熱 15 秒鐘後攪拌，然後攪拌，直到混合糊滑順。

8. 在烘烤餅乾的平盤鋪一張上蠟的烘焙紙。切碎的花生粒放入寬口淺碗中。

9. 裝飾瑪德蓮：捏住瑪德蓮平口那端，尖頭那端去蘸融化的巧克力醬，大約蘸三分之二個瑪德蓮。提起瑪德蓮，扁平那面在碗的邊緣刮幾下，把多餘的巧克力醬刮掉。再拿瑪德蓮輕蘸花生粒，讓巧克力醬表面沾滿花生粒。完成後在備好的平盤上放涼，凝固後即可享用。

☕ 咖啡酒瑪德蓮 ☕
KAHLÚA MADELEINES

我的「舊金山巧克力乳脂軟糖」之所以會榮獲大獎，部分原因是巧克力與咖啡的組合令人迷醉。兩者的風味相得益彰。請試試看這款濕潤柔軟的咖啡酒瑪德蓮。

可做24個瑪德蓮

無鹽奶油12大匙，室溫軟化，另備4大匙塗抹烤盤（可省略）

砂糖1杯

半甜巧克力110公克，略切，或半甜巧克力豆1杯

大的蛋2顆，室溫

香草豆糊或萃取液1小匙

甘露咖啡酒（Kahlúa）6大匙，可以用其他咖啡風味利口酒或濃郁的黑咖啡代替

即溶咖啡粉2小匙（前項食材使用濃郁的黑咖啡的話就省略）

中筋麵粉1杯

無糖可可粉½杯，荷式處理法可可粉或原味可可粉皆可，分次使用

糖粉¼杯

1. 在烤箱中層放置金屬網架，烤箱預熱至180°C。在2個12孔的貝殼烤模表面噴灑烹飪噴霧油，或融化額外準備4大匙的奶油，刷塗每個烤模。

2. 奶油、糖和巧克力加入容量為1900毫升可微波的玻璃碗或量杯裡，微波爐輸出功率設為最低，加熱1-2分鐘後以攪拌器拌勻。如果食材沒有融化，就分次加熱，每次加熱15秒鐘後攪拌，直到混合糊滑順。

3. 混合糊放涼3-4分鐘。逐次加入1顆室溫的蛋攪拌，充分拌勻後才可以加入下一顆。接著加入香草豆糊或萃取液拌勻。

4. 甘露咖啡酒和咖啡在另一個碗裡混合，再加入巧克力糊裡充分拌勻。加入¼杯可可粉和麵粉拌勻即可。麵糊必須黑亮濃稠。

5. 使用直徑為3.8公分的冰淇淋挖杓或茶匙，把麵糊舀至烤模裡，近滿即可。輕輕按壓麵糊，使之平均分布。

6. 放入烤箱烤11-14分鐘，直到瑪德蓮膨脹，中央凸出的亮點凝結。可能會出現小裂痕，邊緣必須呈現淡棕色，小心不要烤焦了。

7. 把烤盤自烤箱取出，放在置涼架上2-3分鐘，再用小脫模刀逐個脫模，要完全放涼。接著在瑪德蓮表面篩上糖粉以及剩餘的可可粉，讓成品更吸睛可口。

崎嶇之路瑪德蓮
ROCKY ROAD MADELEINES

我們必須感謝自俄國移民至美國的山姆・阿特舒勒（Sam Altshuler），他偉大的發明——崎嶇之路糖果條，一九五〇年代時，他用手推車在舊金山市場街兜售，糖果條是由牛奶巧克力、棉花糖、香草和腰果所製成，這些材料也可以做成崎嶇之路糖果條、軟糖布朗尼及冰淇淋，因此把它的風味及口感移轉到瑪德蓮甚為有趣，而且還可以依照個人喜好來備料。你可以用半甜巧克力豆代替牛奶巧克力，把腰果換成核桃，或者發揮想像力帶入其他可口的食材。

百變瑪德蓮

可做24個瑪德蓮

無鹽奶油12大匙，室溫軟化，另備4大匙塗抹烤盤（可省略）

中筋麵粉⅔杯

無糖可可粉½杯，荷式處理法可可粉或原味可可粉皆可

砂糖1杯

大的蛋2顆，室溫

半甜巧克力豆1杯，可以用110公克切碎的半甜或苦甜巧克力代替

烘香的核桃（walnuts）1杯，切碎

迷你棉花糖1杯

1. 在烤箱中層放置金屬網架，烤箱預熱至180°C。在2個12孔的貝殼烤模表面噴灑烹飪噴霧油，或融化額外準備4大匙的奶油，刷塗每個烤模。

2. 麵粉和可可粉放入小碗裡混合。

3. 奶油和糖加入容量為1900毫升可微波的玻璃碗或量杯裡，微波爐輸出功率設為最低，加熱1-2分鐘後以攪拌器拌勻。如果奶油沒有融化，就分次加熱，每次加熱15秒鐘後攪拌，直到混合糊滑順。

4. 混合糊放涼3-4分鐘。逐次加入1顆室溫的蛋攪拌，充分拌勻後才可以加入下一顆。加入混合好的麵粉拌勻，接著加入巧克力和核桃攪拌均勻。麵糊必須呈黑亮黏稠。

5. 使用直徑為3.8公分的冰淇淋挖杓或茶匙，把麵糊舀至烤模裡，近滿即可。輕輕按壓麵糊，使之平均分布。

6. 放入烤箱烤7-9分鐘，直到瑪德蓮膨脹，中央凸出的亮點凝結。可能會出現小裂痕，邊緣必須呈現淡棕色，小心不要烤焦了。

7. 把烤盤自烤箱取出，烤箱不熄火。每個瑪德蓮裡壓入（但不要完全埋入）3-5個迷你棉花糖。烤盤放回烤箱再烤1-2分鐘，使露出的棉花糖稍微上色即可。

8. 把烤盤自烤箱取出，放在置涼架上2-3分鐘，再用小脫模刀逐個脫模，要完全放涼。

力量就是你可以徒手把巧克力掰成四塊，然後節制地只吃一塊。

——茱蒂‧菲歐斯特 Judith Viorst

摩卡瑪德蓮

ESPRESSO CHIP MADELEINES

當可可豆遇上咖啡豆之時，即摩卡誕生之日——我身為摩卡拿鐵的粉絲，覺得有義務創造兼具苦味巧克力及義式濃縮咖啡風味的瑪德蓮。把濃縮咖啡粉增量或多加一兩匙現煮的濃縮咖啡都可以產生更濃郁的咖啡風味。除非你想通宵熬夜，切記不要在深夜裡吃這款瑪德蓮，它的咖啡因含量可真是爆表呢！

可做18個瑪德蓮

無鹽奶油5大匙，室溫軟化，另備4大匙塗抹烤盤（可省略）

中筋麵粉1¼杯

泡打粉2小匙

鹽⅛小匙

即溶濃縮咖啡粉2大匙，可依個人喜好增量

熱開水1大匙

砂糖½杯

大的蛋2顆，室溫

全脂牛奶½杯，室溫

苦味巧克力豆½杯

1. 在烤箱中層放置金屬網架，烤箱預熱至180℃。在2個12孔的貝殼烤模表面噴灑烹飪噴霧油，或融化額外準備4大匙的奶油，刷塗每個烤模。

2. 麵粉、泡打粉和鹽放入小碗裡混合，備用。濃縮咖啡粉和熱開水放入另一個碗裡攪拌成糊。

3. 奶油和糖加入容量為1900毫升可微波的玻璃碗或量杯裡，微波爐輸出功率設為最低，加熱1-2分鐘後以攪拌器拌勻。如果奶油沒有融化，就分次加熱，每次加熱15秒鐘後攪拌，直到混合糊滑順。

4. 混合糊放涼3-4分鐘。逐次加入1顆室溫的蛋攪拌，充分拌勻後才可以加入下一顆。接著加入牛奶拌勻，再加入混合好的麵粉攪拌均勻。

5. 把咖啡糊加到麵糊裡拌勻，再輕輕拌入巧克力。

6. 使用直徑為3.8公分的冰淇淋挖杓或茶匙，把麵糊舀至烤模裡，近滿即可。輕輕按壓麵糊，使之平均分布。

7. 放入烤箱烤10-12分鐘，直到瑪德蓮膨脹，輕壓時略帶彈性，小心不要烤焦了。
8. 把烤盤自烤箱取出，放在置涼架上2-3分鐘，再用小脫模刀逐個脫模，要完全放涼。

世界上再沒有比巧克力還玄妙的東西了。

——費爾南多‧佩索亞 Ferando Pessoa

濃醇與奢華的巧克力瑪德蓮

榛果巧克力芭菲瑪德蓮
NUTELLA PARFAIT MADELEINES

即使芭菲會令人聯想到水果和穀麥，在我的字典裡它卻代表我向來鍾愛的、層層疊疊的食物：榛果巧克力醬。這款瑪德蓮麵糊裡所含的榛果酒加深榛果抹醬的風味，而苦甜巧克力蘸醬則使滋味更為濃郁。

可做24個瑪德蓮

無鹽奶油12大匙，室溫軟化，另備4大匙塗抹烤盤（可省略）

中筋麵粉1杯

無糖可可粉½杯

砂糖1杯

半甜巧克力豆1杯，或半甜巧克力110公克，略切

大的蛋2顆，室溫

榛果儷（Frangelico）榛果酒2小匙，可以用其他榛果酒或香草萃取液代替

能多益（Nutella）榛果巧克力醬⅔杯，或其他廠牌的榛果巧克力醬

1. 在烤箱中層放置金屬網架，烤箱預熱至180℃。在2個12孔的貝殼烤模表面噴灑烹飪噴霧油，或融化額外準備4大匙的奶油，刷塗每個烤模。

2. 麵粉和可可粉放入小碗裡混合。

3. 奶油、糖和巧克力加入容量為1900毫升可微波的玻璃碗或量杯裡，微波爐輸出功率設為最低，加熱1-2分鐘後以攪拌器拌勻。如果奶油沒有融化，就分次加熱，每次加熱15秒鐘後攪拌，直到混合糊滑順。也可以把這些食材放入雙層鍋（double boiler）的上層，下層的水燒至微滾，邊隔水加熱，邊用法式手動攪拌器拌至均勻，然後離火。

4. 混合糊放涼3-4分鐘。逐次加入1顆室溫的蛋攪拌，充分拌勻後才可以加入下一顆。接著加入利口酒或萃取液拌勻，再加入混合好的麵粉攪拌均勻。麵糊必須呈黏稠閃亮。

百變瑪德蓮

苦甜巧克力醬

無糖巧克力110公克，切碎

半甜巧克力豆2杯，或半甜巧克
　　力225公克，略切

5. 使用直徑為3.8公分的冰淇淋挖杓或茶匙，把麵糊
　　舀至烤模裡，近滿即可。輕輕按壓麵糊，使之平均
　　分布。

6. 放入烤箱烤11-13分鐘，直到瑪德蓮膨脹，中央凸出
　　的亮點凝結，可能會出現小裂痕，小心別烤焦了。

7. 把烤盤自烤箱取出，放在置涼架上2-3分鐘，再翻
　　轉烤模把瑪德蓮倒到置涼架上。你也可以用小脫模
　　刀逐個脫模。要完全放涼。

8. 在每個瑪德蓮扁平那面各抹上1小匙榛果醬，排放
　　在襯有烘焙紙的烤盤上，再移至冷藏室30分鐘。

9. 製作巧克力醬：無糖和半甜巧克力加入容量為1900
　　毫升可微波的玻璃碗或量杯裡，微波爐輸出功率設
　　為最低，加熱1-2分鐘後以攪拌器拌勻。如果巧克
　　力沒有融化，就分次加熱，每次加熱15秒鐘後攪
　　拌，直到混合糊滑順。

10. 在烘烤餅乾的平盤或大的鐵網架上鋪一張上蠟的
　　　烘焙紙。瑪德蓮扁平那面蘸巧克力醬，確使完全
　　　包覆榛果醬。（也可以用脫模刀挖取巧克力醬，再
　　　塗抹到榛果醬上。）然後將瑪德蓮有塗層那面朝上
　　　擺放，在烘焙紙上放涼定型30-60分鐘。

濃醇與奢華的巧克力瑪德蓮

水果與
堅果

把水果或堅果（或兩者）加入烘焙品，所產生的
可能性無窮無盡。現摘、乾燥或冷凍的水果，與
各類堅果可以變化出無數種蛋糕、餅乾，當然還
有瑪德蓮。本章囊括野藍莓、櫻桃乾、椰絲，到
生杏仁、烤胡桃和烘過的核桃。操作非常簡單卻
美味！這些食譜甚至可能啟發你，讓你自行組合
喜愛的水果與堅果。

右頁為「白巧克力、榛果與櫻桃瑪德蓮」（第108頁）。

❊ 喜悅瑪德蓮 ❊
JOYFUL MADELEINES

巧克力、甜味椰子絲和杏仁是 Almond Joy 糖果棒最受歡迎的組合，也就是這款瑪德蓮的靈感來源。巧克力醬裹覆杏仁粒呈現優雅的外觀，而滋味也同樣秀色可餐。

可做 12-14 個瑪德蓮

無鹽奶油 6 大匙，室溫軟化，另備 4 大匙塗抹烤盤（可省略）

中筋麵粉 ½ 杯

鹽 ¼ 小匙

砂糖 ½ 杯

大的蛋 1 顆，室溫

杏仁萃取液 ¾ 小匙

甜味椰子絲 ⅓-½ 杯

全顆原味烘過的杏仁 24 顆

---

1. 在烤箱中層放置金屬網架，烤箱預熱至 180°C。在 2 個 12 孔的貝殼烤模表面噴灑烹飪噴霧油，或融化額外準備 4 大匙的奶油，刷塗每個烤模。

2. 麵粉和鹽放入小碗裡混合。

3. 奶油和糖加入容量為 1900 毫升可微波的玻璃碗或量杯裡，微波爐輸出功率設為最低，加熱 1½ 分鐘或直到融化。

4. 混合糊放涼 3-4 分鐘。加入蛋和杏仁萃取液拌勻，再加入椰子絲繼續攪拌 1 分鐘左右。最後才輕輕拌入混合好的麵粉，拌勻即可。

5. 使用冰淇淋挖杓或茶匙，把麵糊舀至烤模裡，裝至四分之三滿。順著烤模長度，各放入 2 顆杏仁，輕壓使其埋入麵糊裡。

6. 放入烤箱烤 12-14 分鐘，直到瑪德蓮膨脹，並金黃上色。

7. 把烤盤自烤箱取出，放在置涼架上 2-3 分鐘，再翻轉烤模把瑪德蓮倒到置涼架上。你也可以用小脫模刀逐個脫模。要完全放涼。

百變瑪德蓮

巧克力醬

半甜巧克力豆1⅓杯，或切碎的
苦味巧克力

裝飾

1. 巧克力加入容量為1900毫升可微波的玻璃碗或量
   杯裡，微波爐輸出功率設為最低，加熱1-2分鐘後
   以攪拌器拌勻。如果巧克力沒有融化，就分次加
   熱，每次加熱15秒鐘後攪拌，直到滑順。

2. 在烘烤餅乾的平盤或大的鐵網架上鋪一張上蠟的烘
   焙紙。拿有杏仁那面去蘸巧克力醬，然後提起瑪德
   蓮在碗的邊緣刮幾下，把多餘的巧克力醬刮掉。也
   可以用小脫模刀把巧克力醬抹到瑪德蓮上。把瑪德
   蓮放置烘焙紙上30-60分鐘，直到巧克力醬凝固，
   或者放入冷藏室縮短凝固的時間。

水
果
與
堅
果

蜜桃與奶油起司瑪德蓮
PEACHES AND CREAM MADELEINES

碩大多汁的蜜桃最能代表夏天──這款瑪德蓮濕潤柔軟、芳香可口宛如新鮮的蜜桃。

可做12個瑪德蓮

無鹽奶油6大匙，另備2大匙塗抹烤盤（可省略）

中筋麵粉½杯

泡打粉¼小匙

鹽⅛小匙

肉桂粉1小匙，分次使用

砂糖¾杯，分次使用

奶油起司（cream cheese）85公克，切成小丁塊，室溫

大的蛋1顆，室溫

切成丁塊並濾去水分的罐頭蜜桃⅓杯，選購由果汁而非糖水浸泡的，可以用⅓杯新鮮蜜桃丁代替

1. 在烤箱中層放置金屬網架，烤箱預熱至180℃。在1個12孔的貝殼烤模表面噴灑烹飪噴霧油，或融化額外準備2大匙的奶油，刷塗每個烤模。

2. 麵粉、泡打粉、鹽和½小匙肉桂粉放入小碗裡混合。

3. 奶油和½杯糖加入另一個可微波的玻璃碗裡，微波爐輸出功率設為最低，加熱1-2分鐘或直到融化。拌勻後放涼到室溫狀態

4. 加入奶油起司拌勻，再加入蛋攪拌至混合糊滑順。

5. 加入混合好的麵粉拌至粉粒消失，再拌入蜜桃。

6. 使用直徑為3.8公分的冰淇淋挖杓或茶匙，把麵糊舀至烤模裡，近滿即可。輕輕按壓麵糊，使之平均分布。把剩餘的糖和肉桂粉拌勻，撒在麵糊上，增加風味及色澤。

7. 放入烤箱烤10-13分鐘，直到瑪德蓮膨脹，邊緣呈金棕色。

8. 把烤盤自烤箱取出，放在置涼架上2-3分鐘，再用小脫模刀逐個脫模。

水果與堅果

賽馬瑪德蓮
KENTUCKY DERBY MADELEINES

肯塔基德比賽馬標榜「運動賽程中最激動人心的兩分鐘」。當然另一項吸睛之處是賽馬場裡的美食聚會。無論是薄荷朱利普雞尾酒（Mint Julep）或胡桃巧克力派，波本威士忌必不可缺，而後者則是這款瑪德蓮的靈感來源。

可做 24 個瑪德蓮

無鹽奶油 12 大匙，另備 4 大匙塗抹烤盤（可省略）

中筋麵粉 1¼ 杯

鹽 ¼ 小匙

黑糖壓緊實的 1 杯

大的蛋 2 顆，室溫

波本威士忌（bourbon）2 小匙，可以用香草萃取液代替

胡桃（pecans）1 杯，烘香並切碎

切得極碎的苦味巧克力 ¾ 杯，比如 Scharffen Berger 廠牌，可可脂含量 62% 的半甜巧克力

1. 在烤箱中層放置金屬網架，烤箱預熱至 180°C。在 2 個 12 孔的貝殼烤模表面噴灑烹飪噴霧油，或融化額外準備 4 大匙的奶油，刷塗每個烤模。

2. 麵粉和鹽放入小碗裡混合。

3. 奶油和糖加入容量為 1900 毫升可微波的玻璃碗或量杯裡，微波爐輸出功率設為最低，加熱 1-2 分鐘後以攪拌器拌勻。如果奶油沒有融化，就分次加熱，每次加熱 15 秒鐘後攪拌，直到混合糊滑順。

4. 混合糊放涼 3-4 分鐘。逐次加入 1 顆室溫的蛋攪拌，充分拌勻後才可以加入下一顆。

5. 加入波本威士忌拌勻，再加入混合好的麵粉拌至滑順，最後加入胡桃和巧克力，拌勻即可。

6. 使用直徑為 3.8 公分的冰淇淋挖杓或茶匙，把麵糊舀至烤模裡，裝至四分之三滿。輕輕按壓麵糊，使之平均分布。放入烤箱烤 11-13 分鐘，直到瑪德蓮膨脹，邊緣呈金棕色。

7. 把烤盤自烤箱取出，放在置涼架上 2-3 分鐘，再翻轉烤模把瑪德蓮倒到置涼架上。你也可以用小脫模刀逐個脫模。

百變瑪德蓮

❧ B 級楓糖漿瑪德蓮 ❧
GRADE B MAPLE SYRUP MADELEINES

A級似乎是頂級的代名詞，但對楓糖漿來說不過是表示色澤及風味比B級細緻些罷了，因為它是採收季後的樹液所製成。這款瑪德蓮中，B級楓糖漿強勁的風味和烘香的核桃非常般配，不過，其他等級的純楓糖漿也適用。

可做12個瑪德蓮

無鹽奶油6大匙，另備2大匙塗抹烤盤（可省略）

中筋麵粉 ½ 杯

鹽 ¼ 小匙

泡打粉 ½ 小匙

砂糖 ⅓ 杯

大的蛋1顆，室溫

B級楓糖漿 ¼ 杯，可用其他等級的純楓糖漿代替

烘香並略切碎的核桃（walnuts）½ 杯

1. 在烤箱中層放置金屬網架，烤箱預熱至180°C。在1個12孔的貝殼烤模表面噴灑烹飪噴霧油，或融化額外準備2大匙的奶油，刷塗每個烤模。

2. 麵粉、鹽和泡打粉放入小碗裡混合。

3. 奶油和糖加入容量為1900毫升可微波的玻璃碗或量杯裡，微波爐輸出功率設為最低，加熱1½分鐘或直到融化。

4. 混合糊放涼1-2分鐘。加入蛋和楓糖漿攪拌，直到充分混合。加入混合好的麵粉拌至滑順。

5. 使用直徑為3.8公分的冰淇淋挖杓或茶匙，把麵糊舀至烤模裡，裝至四分之三滿，並在麵糊表面撒上核桃。

6. 放入烤箱烤10-12分鐘，直到瑪德蓮膨脹，輕壓時略帶彈性。

7. 把烤盤自烤箱取出，放在置涼架上2-3分鐘，再翻轉烤模把瑪德蓮倒到置涼架上。你也可以用小脫模刀逐個脫模。

黏糊糊檸檬瑪德蓮
FRESH LEMON DROP MADELEINES

這款瑪德蓮酸香甜膩，令人皺眉又咋舌，吃的時候肯定滿手滿嘴髒兮兮，想成澆淋了檸檬醬的貝殼狀邦特蛋糕（Bundt cake）你就懂了。誠心建議把它與大條手帕一起端上桌。衝著它們奶味檸香四溢，沒人會在意吃的時候手指黏糊糊。

百變瑪德蓮

可做24個瑪德蓮

無鹽奶油12大匙，另備4大匙塗抹烤盤（可省略）

中筋麵粉1¼杯

泡打粉½小匙

砂糖1½杯，分次使用

大的蛋2顆，室溫

現刨檸檬皮絲1大匙

檸檬汁½杯又1大匙，分次使用

檸檬萃取液¼小匙

香草萃取液½小匙

半脂鮮奶油1大匙，可以用牛奶代替

糖粉1-2杯

1. 在烤箱中層放置金屬網架，烤箱預熱至180℃。在2個12孔的貝殼烤模表面噴灑烹飪噴霧油，或融化額外準備4大匙的奶油，刷塗每個烤模。
2. 麵粉和泡打粉放入小碗裡混合。
3. 奶油和糖加入容量為1900毫升可微波的玻璃碗或量杯裡，微波爐輸出功率設為最低，加熱1-2分鐘後以攪拌器拌勻。如果奶油沒有融化，就分次加熱，每次加熱15秒鐘後攪拌，直到混合糊滑順。
4. 混合糊放涼3-4分鐘。逐次加入1顆室溫的蛋攪拌，充分拌勻後才可以加入下一顆。接著加入檸檬皮絲、1大匙檸檬汁、檸檬及香草萃取液和鮮奶油，攪拌至充分混合，約1分鐘。
5. 加入混合好的麵粉拌至滑順。
6. 使用直徑為3.8公分的冰淇淋挖杓或茶匙，把麵糊舀至烤模裡，裝至四分之三滿。放入烤箱烤11-13分鐘，直到瑪德蓮膨脹，邊緣呈金棕色。
7. 把烤盤自烤箱取出，放在置涼架上2-3分鐘，再翻轉烤模把瑪德蓮倒到置涼架上。你也可以用小脫模刀逐個脫模。

8. 製作糖漿：剩餘的 ½ 杯檸檬汁和 ½ 杯砂糖放入小的平底深鍋裡，開中火煮滾，必須不時攪拌，直到砂糖融解為止，約 1 分鐘。調小火力，再煮 1 分鐘，邊煮邊攪拌，然後離火。

組合

1. 拿牙籤在瑪德蓮扁平那面戳洞。每個瑪德蓮用上 1 小匙糖漿，把糖漿澆到戳洞那面，使糖漿滲入瑪德蓮裡。喜歡檸檬味多些的話，就再澆一次。
2. 把瑪德蓮翻面，並在有波紋那面撒上糖粉。

我只是一個喜歡烹飪，並以分享食物來表達情意的人。
——瑪雅・安吉羅 Maya Angelou

水果與堅果

白巧克力、榛果與櫻桃瑪德蓮
WHITE CHOCOLATE, HAZELNUT, AND CHERRY MADELEINES

想要讓烘焙品更加美味嗎？那就加些水果和堅果吧！對專業或家庭烘焙師來說，這兩項一直是最速配的組合，原因可能是甜鹹相互揉合，滋味因此特別突出吧。白巧克力、榛果及甜櫻桃乾不出所料完全符合這個原則。

可做12個瑪德蓮

無鹽奶油5大匙，另備2大匙塗抹烤盤（可省略）

中筋麵粉 ½ 杯

泡打粉 ¼ 小匙

鹽 ¼ 小匙

砂糖 ½ 杯

大的蛋1顆，室溫

香草萃取液1小匙

烘香並略切的榛果（hazelnuts）⅓ 杯

白巧克力豆 ⅓ 杯

有機甜味櫻桃乾 ¼ 杯，切碎

1. 在烤箱中層放置金屬網架，烤箱預熱至180°C。在1個12孔的貝殼烤模表面噴灑烹飪噴霧油，或融化額外準備2大匙的奶油，刷塗每個烤模。
2. 麵粉、泡打粉和鹽放入小碗裡混合。
3. 奶油和糖加入容量為1900毫升可微波的玻璃碗或量杯裡，微波爐輸出功率設為最低，加熱1½分鐘或直到融化。
4. 混合糊放涼3-4分鐘。加入蛋和香草萃取液拌勻，再加入混合好的麵粉攪拌至充分混合。最後加入堅果、白巧克力和櫻桃乾攪拌均勻。
5. 使用直徑為3.8公分的冰淇淋挖杓或茶匙，把麵糊舀至烤模裡，裝至四分之三滿。放入烤箱烤11-13分鐘，直到瑪德蓮膨脹，邊緣呈金棕色。
6. 把烤盤自烤箱取出，放在置涼架上2-3分鐘，再翻轉烤模把瑪德蓮倒到置涼架上。你也可以用小脫模刀逐個脫模。

洛琳式巧克力、椰棗與核桃瑪德蓮
LORRAINE'S CHOCOLATE, DATE, AND WALNUT MADELEINES

我媽洛琳是個了不起的家庭廚師及烘焙師，她有許多拿手菜，所以我們很少吃重複的菜餚和甜點。唯一例外就是口感非常濕潤的巧克力、椰棗與核桃蛋糕，她每個月都會烘上好幾次。這款瑪德蓮就是用這黃金組合做的。

可做 14 個瑪德蓮

無鹽奶油 6 大匙，另備 4 大匙塗抹烤盤（可省略）

去籽椰棗 ½ 杯，約 12 顆，切碎

熱水 ⅓ 杯

中筋麵粉 ¾ 杯

泡打粉 ¼ 小匙

無糖原味可可粉 2 大匙

砂糖 ½ 杯

大的蛋 1 顆，室溫

香草萃取液 ½ 小匙

核桃（walnuts）⅓ 杯，烘香並切碎

迷你或一般大小半甜巧克力豆至少 ⅓ 杯，可以用切碎的半甜或苦味巧克力代替

1. 在烤箱中層放置金屬網架，烤箱預熱至 180°C。在 2 個 12 孔的貝殼烤模表面噴灑烹飪噴霧油，或融化額外準備 4 大匙的奶油，刷塗每個烤模。
2. 椰棗放入裝有熱水的小碗裡泡軟。
3. 麵粉、泡打粉和可可粉放入小碗裡混合。
4. 奶油和糖加入容量為 1900 毫升可微波的玻璃碗或量杯裡，微波爐輸出功率設為最低，加熱 1½ 分鐘或直到融化。
5. 混合糊放涼 3-4 分鐘。加入 1 顆蛋和香草萃取液拌至滑順，再加入混合好的麵粉，拌勻即可。最後加入椰棗及浸泡的水混合均勻。
6. 使用直徑為 3.8 公分的冰淇淋挖杓或茶匙，把麵糊舀至烤模裡，裝至四分之三滿。撒上核桃和巧克力豆，輕輕按壓，使其埋入麵糊裡。接著放入烤箱烤 10-12 分鐘，直到瑪德蓮膨脹，輕壓時略帶彈性。
7. 把烤盤自烤箱取出，放在置涼架上 2-3 分鐘，再翻轉烤模把瑪德蓮倒到置涼架上。你也可以用小脫模刀逐個脫模。

杏仁蛋白餅瑪德蓮
ALMOND MACAROON MADELEINES

杏仁蛋白餅帶有檸檬風味，口感柔軟黏牙，所用的材料組合是美味的來源，拿來製作瑪德蓮也一樣令人回味。這款瑪德蓮表面上的杏仁片，為黏稠的內餡增添了酥脆的口感。

可做 24 個瑪德蓮

無鹽奶油 12 大匙，另備 4 大匙塗抹烤盤（可省略）

砂糖 1 杯

罐頭杏仁餡（canned almond cake and pastry filling）⅓ 杯，比如 Solo 廠牌，小心不要買成可以揉捏成形的杏仁糕

大的蛋 2 顆，室溫

檸檬萃取液 ½ 小匙

杏仁萃取液 ½ 小匙

現刨檸檬皮絲 1 大匙

中筋麵粉 1 杯

杏仁片 1 杯

1. 在烤箱中層放置金屬網架，烤箱預熱至 180℃。在 2 個 12 孔的貝殼烤模表面噴灑烹飪噴霧油，或融化額外準備 4 大匙的奶油，刷塗每個烤模。

2. 奶油和糖加入容量為 1900 毫升可微波的玻璃碗或量杯裡，微波爐輸出功率設為最低，加熱 1-2 分鐘後以攪拌器拌勻。如果奶油沒有融化，就分次加熱，每次加熱 15 秒鐘後攪拌，直到混合糊滑順。

3. 加入杏仁餡攪拌至充分混合。

4. 逐次加入 1 顆室溫的蛋攪拌，充分拌勻後才可以加入下一顆。接著加入檸檬萃取液、杏仁萃取液和檸檬皮絲拌勻，大約 1 分鐘。再加入麵粉，拌勻即可。

5. 使用直徑為 3.8 公分的冰淇淋挖杓或茶匙，把麵糊舀至烤模裡，裝至四分之三滿，再撒上杏仁片。

6. 放入烤箱烤 10-12 分鐘，直到瑪德蓮膨脹，邊緣呈金棕色。

8. 把烤盤自烤箱取出，放在置涼架上 2-3 分鐘，再翻轉烤模把瑪德蓮倒到置涼架上。你也可以用小脫模刀逐個脫模。

⁂ 巧克力堅果瑪德蓮 ⁂
MENDIANT MADELEINES

Mendiants是什麼？它是法國著名的巧克力薄片，表面搭配果乾和堅果。這款傳統法式糖果是聖誕節的節慶甜食，Mendiants orders原意為托缽修會，因此巧克力薄片綴飾的果乾與堅果即代表四大修會：杏仁代表加爾默羅會，葡萄乾代表道明會，無花果乾代表方濟各會，而榛果代表奧斯定會。你可以使用這些材料來做傳統巧克力薄片版的瑪德蓮，或者拿喜歡的果乾及堅果來做也可以。

可做24個瑪德蓮

無鹽奶油12大匙，另備4大匙塗抹烤盤（可省略）

中筋麵粉 ¾ 杯

無糖可可粉 ⅓ 杯，荷式處理法可可粉或原味可可粉皆可

鹽 ¼ 小匙

砂糖 ½ 杯

大的蛋2顆，室溫

香草萃取液 1¼ 小匙

半甜或苦甜巧克力110公克，略切

原味堅果 ⅓ 杯，比如胡桃、核桃、腰果、杏仁、澳洲堅果或巴西果，把大的堅果切成小塊

1. 在烤箱中層放置金屬網架，烤箱預熱至180℃。在2個12孔的貝殼烤模表面噴灑烹飪噴霧油，或融化額外準備4大匙的奶油，刷塗每個烤模。

2. 麵粉、巧克力粉和鹽放入小碗裡混合。

3. 奶油和糖加入容量為1900毫升可微波的玻璃碗或量杯裡，微波爐輸出功率設為最低，加熱1-2分鐘後以攪拌器拌勻。如果奶油沒有融化，就分次加熱，每次加熱15秒鐘後攪拌，直到混合糊滑順。

4. 混合糊放涼3-4分鐘。逐次加入1顆室溫的蛋攪拌，充分拌勻後才可以加入下一顆。加入香草萃取液拌勻，再加入混合好的麵粉攪拌至充分混合。麵糊必須非常滑順。

5. 使用直徑為3.8公分的冰淇淋挖杓或茶匙，把麵糊舀至烤模裡，裝至四分之三滿。輕輕按壓麵糊，使之平均分布。每個麵糊中央點綴1塊巧克力片、果乾及堅果，並輕壓使其埋入麵糊裡。

無添加防腐劑的果乾 ⅓ 杯，比如
甜味蔓越莓、杏桃、櫻桃、無
花果或葡萄乾，把大的果乾切
成小塊

6. 放入烤箱烤11-13分鐘，直到瑪德蓮膨脹，邊緣呈
金棕色。

7. 把烤盤自烤箱取出，放在置涼架上2-3分鐘，再翻
轉烤模把瑪德蓮倒到置涼架上。你也可以用小脫模
刀逐個脫模。

焦香奶油胡桃瑪德蓮
BROWNED BUTTER PECAN MADELEINES

在這食譜裡，把奶油煮至焦香似乎多此一舉，但是請相信我，它肯定有畫龍點睛之效。焦香奶油所產生的堅果芳香令人驚喜，不僅使瑪德蓮的風味更添層次，外觀也呈漂亮的金棕色。

可做16個瑪德蓮

無鹽奶油5大匙，切成5塊，另備4大匙塗抹烤盤（可省略）

大的蛋2顆，室溫

黑糖壓緊實的¼杯

砂糖¼杯

香草萃取液2小匙

中筋麵粉½杯

胡桃（pecans）⅓-½杯，烘香並切碎

1. 在烤箱中層放置金屬網架，烤箱預熱至180℃。在2個12孔的貝殼烤模表面噴灑烹飪噴霧油，或融化額外準備4大匙的奶油，刷塗每個烤模。
2. 奶油放入厚底深鍋裡，開中至小火融化，不斷攪拌至產生泡沫。繼續攪拌，一旦看到鍋底產生棕色小顆粒立刻熄火。再攪拌1分鐘然後暫置一旁。
3. 蛋、糖和香草萃取液加入桌上型電動攪拌器的碗裡（也可使用手持電動攪拌器），攪打至輕盈蓬鬆，大約3-4分鐘。把攪拌碗自攪拌器移出，加入麵粉，用小矽膠刮刀拌勻即可。
4. 拌入胡桃，再加焦香奶油輕輕混拌，直到充分混合。
5. 使用直徑為3.8公分的冰淇淋挖杓或茶匙，把麵糊舀至烤模裡，裝至四分之三滿。放入烤箱烤8-11分鐘，直到瑪德蓮膨脹，輕壓時略帶彈性。
6. 把烤盤自烤箱取出，放在置涼架上2-3分鐘，再翻轉烤模把瑪德蓮倒到置涼架上。你也可以用小脫模刀逐個脫模。如果打算冷藏或冷凍，就要完全放涼。瑪德蓮出爐後，趁著還溫熱時享用最美味。

水果與堅果

鹹味點心與
開胃小食

一般以為瑪德蓮是甜食,但是本章的鹹點可以證明這個傳統法式茶點的可塑性。從格魯耶爾起司和綠辣椒到焦糖洋蔥,這些食材讓原本是蜜甜小點的瑪德蓮端上正式晚餐桌的機會源源不絕。

右頁為「填鑲布里起司瑪德蓮泡芙」(第127頁)。

格魯耶爾起司與迷迭香瑪德蓮

GRUYÈRE AND ROSEMARY MADELEINES

格魯耶爾起司產自瑞士小鎮並以此命名,它是一款美味的硬質起司,充滿大地的氣息,風味複雜且獨樹一格。這款瑪德蓮揉合起司的堅果香味與切碎的迷迭香所散發出的森林氣息,將為任何一個開胃菜單增加亮點。

可做18個瑪德蓮

含鹽奶油10大匙,另備4大匙塗抹烤盤(可省略)

中筋麵粉¾杯

鹽¼小匙,另備少許撒在成品表面(可省略)

現磨黑胡椒粉¼小匙

泡打粉¼小匙

大的蛋4顆,室溫

切得極碎的新鮮迷迭香(rosemary)2小匙

磨碎的格魯耶爾起司(Gruyère cheese)1杯

1. 在烤箱中層放置金屬網架,烤箱預熱至180°C。在2個12孔的貝殼烤模表面噴灑烹飪噴霧油,或融化額外準備4大匙的奶油,刷塗每個烤模。

2. 麵粉、鹽、胡椒粉和泡打粉放入小碗裡混合。

3. 奶油加入容量為1900毫升可微波的玻璃碗或量杯裡,微波爐輸出功率設為最低,加熱1-2分鐘或直到融化。

4. 混合糊放涼3-4分鐘。逐次加入1顆室溫的蛋攪拌,每顆蛋充分拌勻後才可以加入下一顆。

5. 加入混合好的麵粉拌至滑順。再加入迷迭香和起司,用矽膠刮刀攪拌至充分混合。

6. 使用直徑為3.8公分的冰淇淋挖杓或茶匙,把麵糊舀至烤模裡,近滿即可。輕輕按壓麵糊,使之平均分布。

7. 放入烤箱烤10-12分鐘,直到瑪德蓮膨脹,表面出現小裂痕,邊緣呈金棕色。

8. 把烤盤自烤箱取出,喜歡的話可以在表面撒些鹽,再用小脫模刀逐個脫模。這款瑪德蓮不需要等到放涼就可直接倒扣烤盤脫模。

奶油玉米麵包瑪德蓮
BUTTERY CORNBREAD MADELEINES

這款瑪德蓮的靈感來自芝加哥 Bandera 餐廳的玉米麵包。它不僅香滑濕潤，還很酥脆，盛在熱燙的鑄鐵鍋裡端上桌。麵包表面刷上蜂蜜更顯美味，這款瑪德蓮一點也不輸它。

可做24個瑪德蓮

含鹽奶油6大匙，另備4大匙塗抹烤盤（可省略）

刨碎的切達起司（Cheddar cheese）¾ 杯，分次使用

中筋麵粉 ½ 杯

粗粒黃玉米粉（yellow cornmeal）½ 杯

鹽 ½ 小匙

泡打粉 1½ 小匙

砂糖 ½ 杯

罐頭珍珠玉米醬（creamed corn）⅔ 杯

切碎的罐頭青辣椒 2 大匙

大的蛋 2 顆，室溫

刨碎的傑克起司（Jack cheese）¼ 杯

1. 在烤箱中層放置金屬網架，烤箱預熱至180°C。在2個12孔的貝殼烤模表面噴灑烹飪噴霧油，或融化額外準備4大匙的奶油，刷塗每個烤模。
2. 取 ½ 杯切達起司，每個烤模裡撒1小匙，置旁備用。
3. 麵粉、玉米粉、鹽和泡打粉放入小碗裡混合。
4. 奶油和糖加入容量為1900毫升可微波的玻璃碗或量杯裡，微波爐輸出功率設為最低，加熱1-2分鐘或直到融化。加入玉米醬和辣椒充分混合。
5. 混合糊放涼3-4分鐘。逐次加入1顆室溫的蛋攪拌，充分拌勻後才可以加入下一顆。
6. 把剩餘的切達起司及傑克起司混合，再加入混合糊裡拌勻。
7. 加入混合好的麵粉拌勻。使用直徑為3.8公分的冰淇淋挖杓或茶匙，把麵糊舀至烤模裡，近滿即可。
8. 放入烤箱烤11-13分鐘，直到瑪德蓮膨脹，邊緣呈金棕色。
9. 把烤盤自烤箱取出，放在置涼架上2-3分鐘，再翻轉烤模把瑪德蓮倒到置涼架上。你也可以用小脫模刀逐個脫模。

香蒜醬與松子瑪德蓮
PESTO AND PINE NUT MADELEINES

新鮮自製的香蒜醬總是令人覺得特別滋養。把它加到瑪德蓮,可製作出風味絕佳的鹹食,直接吃就很可口,配上喜愛的義大利食物那更是不得了。

百變瑪德蓮

可做 12 個瑪德蓮

含鹽奶油 8 大匙,另備 2 大匙塗抹烤盤(可省略)

刨碎的帕馬森起司(Parmesan cheese)½ 杯,分次使用

中筋麵粉 1 杯

鹽 1 小匙

泡打粉 ¾ 小匙

特級初榨橄欖油 2 大匙

香蒜醬(pesto,即青醬)⅓ 杯,自製或市售製品皆可

砂糖 2 小匙

大的蛋 2 顆,室溫

烘香的原味松子 ⅓ 杯

1. 在烤箱中層放置金屬網架,烤箱預熱至 180°C。在 1 個 12 孔的貝殼烤模表面噴灑烹飪噴霧油,或融化額外準備 2 大匙的奶油,刷塗每個烤模。

2. 取 ¼ 杯帕馬森起司,每個烤模裡撒上 ½ 小匙。

3. 麵粉、鹽和泡打粉放入小碗裡混合。

4. 奶油和橄欖油加入容量為 1900 毫升可微波的玻璃碗或量杯裡,微波爐輸出功率設為最低,加熱 1-2 分鐘直到奶油融化,並攪拌至充分混合。加入香蒜醬和糖拌勻。

5. 混合糊放涼 3-4 分鐘。逐次加入 1 顆室溫的蛋攪拌,充分拌勻後才可以加入下一顆。

6. 加入混合好的麵粉,用矽膠刮刀拌勻,再拌入松子和剩餘的 ¼ 杯帕馬森起司。

7. 使用直徑為 3.8 公分的冰淇淋挖杓或茶匙,把麵糊舀至烤模裡,近滿即可。

8. 放入烤箱烤 11-13 分鐘,直到瑪德蓮膨脹,邊緣呈金棕色。

9. 把烤盤自烤箱取出,放在置涼架上 2-3 分鐘,再翻轉烤模把瑪德蓮倒到置涼架上。你也可以用小脫模刀逐個脫模。

新鮮蒔蘿與費塔起司瑪德蓮
FRESH DILL AND FETA MADELEINES

蒔蘿是極為優美的羽狀香草，常見於希臘料理。蒔蘿與費塔起司在這款瑪德蓮相得益彰，配上希臘沙拉則是令人滿足的宵夜點心。

可做 12 個瑪德蓮

含鹽奶油 6 大匙，另備 2 大匙塗抹烤盤（可省略）

中筋麵粉 ¾ 杯

現磨黑胡椒粉 ½ 小匙

泡打粉 ½ 小匙

大的蛋 2 顆，室溫

全脂牛奶 ½ 杯

砂糖 2 小匙

捏碎的費塔起司（feta cheese）½ 杯

切得極碎的新鮮蒔蘿（dill）1 大匙

1. 在烤箱中層放置金屬網架，烤箱預熱至 180°C。在 1 個 12 孔的貝殼烤模表面噴灑烹飪噴霧油，或融化額外準備 2 大匙的奶油，刷塗每個烤模。
2. 麵粉、胡椒和泡打粉放入小碗裡混合。
3. 奶油加入容量為 1900 毫升可微波的玻璃碗或量杯裡，微波爐輸出功率設為最低，加熱 1-2 分鐘直到奶油融化，再充分拌匀。
4. 混合糊放涼 3-4 分鐘。逐次加入 1 顆室溫的蛋攪拌，充分拌匀後才可以加入下一顆。
5. 加入牛奶和糖攪拌至充分混合，再加入混合好的麵粉，拌匀即可。
6. 加入起司和蒔蘿，用矽膠刮刀輕輕攪拌至均匀。
7. 使用直徑為 3.8 公分的冰淇淋挖杓或茶匙，把麵糊舀至烤模裡，近滿即可。
8. 放入烤箱烤 11-13 分鐘，直到瑪德蓮膨脹，表面出現小裂痕，邊緣呈金棕色。
9. 把烤盤自烤箱取出，放在置涼架上 2-3 分鐘，再翻轉烤模把瑪德蓮倒到置涼架上。你也可以用小脫模刀逐個脫模。

煙燻墨西哥辣椒與綠辣椒瑪德蓮

CHIPOTLE MADELEINES WITH GREEN CHILIS

煙燻墨西哥辣椒和綠辣椒會給瑪德蓮帶來煙燻及香料的氣息。請依照個人嗜辣程度來增減辣椒用量。建議搭配墨西哥料理享用。

百變瑪德蓮

可做12個瑪德蓮

含鹽奶油6大匙，另備2大匙塗抹烤盤（可省略）

中筋麵粉 ½ 杯

粗粒黃玉米粉（yellow cornmeal）¼ 杯

泡打粉 ¼ 小匙

煙燻墨西哥辣椒（chipotle）粉或調味粉 ½-¾ 小匙

鹽 ¼ 小匙

黑胡椒粉 ¼ 小匙

特級初榨橄欖油 1 大匙

砂糖 2 大匙

大的蛋 1 顆，室溫

烘烤過的綠辣椒罐頭 110 公克，切碎

1. 在烤箱中層放置金屬網架，烤箱預熱至180°C。在1個12孔的貝殼烤模表面噴灑烹飪噴霧油，或融化額外準備2大匙的奶油，刷塗每個烤模。

2. 麵粉、玉米粉、泡打粉、辣椒粉、鹽和胡椒粉放入小碗裡混合。

3. 奶油、橄欖油和糖加入容量為1900毫升可微波的玻璃碗或量杯裡，微波爐輸出功率設為最低，加熱1-2分鐘直到奶油融化。

4. 混合糊放涼3-4分鐘，加入1顆室溫的蛋拌勻。

5. 加入混合好的麵粉，拌勻即可。再加入切碎的辣椒，用矽膠刮刀攪拌至均勻。

6. 使用直徑為3.8公分的冰淇淋挖杓或茶匙，把麵糊舀至烤模裡，近滿即可。輕輕按壓麵糊，使之平均分布。

7. 放入烤箱烤11-13分鐘，直到瑪德蓮膨脹，表面出現小裂痕，邊緣呈金棕色。

8. 把烤盤自烤箱取出，放在置涼架上2-3分鐘，再翻轉烤模把瑪德蓮倒到置涼架上。你也可以用小脫模刀逐個脫模。

普羅旺斯香草瑪德蓮
HERBES DE PROVENCE MADELEINES

盛夏時的法國南部，山坡上茂盛的香草生機蓬勃。普羅旺斯香草通常是由迷迭香、奧勒岡和薄荷混合而成。這款瑪德蓮的蛋糕體瀰漫著精巧的香氣及細緻的風味。

可做12個瑪德蓮

含鹽奶油5大匙，另備2大匙塗抹烤盤（可省略）

磨碎的切達起司（Cheddar cheese）¼ 杯及 ⅓ 杯，分次使用

中筋麵粉 ¾ 杯

鹽 ½ 小匙

現磨黑胡椒粉 ¼ 小匙

泡打粉 ¾ 小匙

普羅旺斯香草（herbes de Provence）1 小匙

砂糖 1 大匙

特級初榨橄欖油 3 大匙

大的蛋 2 顆，室溫

刨碎的帕馬森起司（Parmesan cheese）⅓ 杯

1. 在烤箱中層放置金屬網架，烤箱預熱至180°C。在2個12孔的貝殼烤模表面噴灑烹飪噴霧油，或融化額外準備2大匙的奶油，刷塗每個烤模。
2. 取¼杯切達起司，每個烤模裡撒½小匙，置旁備用。
3. 麵粉、鹽、胡椒粉、泡打粉和普羅旺斯香草放入小碗裡混合。
4. 奶油、糖和橄欖油加入容量為1900毫升可微波的玻璃碗或量杯裡，微波爐輸出功率設為最低，加熱1-2分鐘或直到融化，再充分拌勻。
5. 混合糊放涼3-4分鐘。逐次加入1顆室溫的蛋攪拌，充分拌勻後才可以加入下一顆。
6. 加入剩餘的切達起司及帕馬森起司，再加入混合好的麵粉，拌勻即可。
7. 使用直徑為3.8公分的冰淇淋挖杓或茶匙，把麵糊舀至烤模裡，近滿即可。輕輕按壓麵糊，使之平均分布。
8. 放入烤箱烤10-12分鐘，直到瑪德蓮膨脹，輕壓時略帶彈性。
9. 把烤盤自烤箱取出，放在置涼架上2-3分鐘，再翻轉烤模把瑪德蓮倒到置涼架上。你也可以用小脫模刀逐個脫模。

鹹味點心與開胃小食

蟹味瑪德蓮
CRABBY MADELEINES

我常會打趣說吃了這款溫熱的蟹味瑪德蓮之後,再怎麼猛烈的怒火都會一「蟹」而空——我女兒總是對我的冷笑話翻白眼。研發這個食譜源自我對螃蟹的喜愛,它是每個夏季我在海邊時最常吃的食物之一。最美妙的是,吃蟹味瑪德蓮時不用掰開蟹殼!烤好的瑪德蓮單獨享用就很美味了,與玉米巧達濃湯或其他喜愛的海鮮湯一起吃也很棒。

可做12個瑪德蓮

含鹽奶油5大匙,另備2大匙塗抹烤盤(可省略)

中筋麵粉¾杯

泡打粉¾小匙

鹽¼小匙

黑胡椒粉¼小匙

特級初榨橄欖油1大匙

塔巴斯科辣椒醬½小匙

大的蛋1顆,室溫

蟹肉罐頭1罐,約170公克,瀝去水分並把蟹肉拆碎

切碎的紅洋蔥2大匙

切得極碎的青蔥1大匙

刨碎的帕馬森起司(Parmesan cheese)1大匙

甜椒粉適量(可省略)

1. 在烤箱中層放置金屬網架,烤箱預熱至190℃。在1個12孔的貝殼烤模表面噴灑烹飪噴霧油,或融化額外準備2大匙的奶油,刷塗每個烤模。

2. 麵粉、泡打粉、鹽和胡椒粉放入小碗裡混合。

3. 奶油和橄欖油加入容量為1900毫升可微波的玻璃碗或量杯裡,微波爐輸出功率設為最低,加熱1-2分鐘直到奶油融化,再充分拌勻。

4. 混合糊放涼3-4分鐘,加入塔巴斯科辣椒醬和蛋攪拌,直到充分混合。

5. 加入混合好的麵粉,拌勻即可。再加入蟹肉、紅洋蔥、青蔥和帕馬森起司拌至均勻。

6. 使用直徑為3.8公分的冰淇淋挖杓或茶匙,把麵糊舀至烤模裡,近滿即可。有準備甜椒粉的話,就撒上薄薄一層。

7. 放入烤箱烤10-12分鐘,直到瑪德蓮膨脹,邊緣呈金棕色。

8. 把烤盤自烤箱取出,放在置涼架上2-3分鐘,再用小脫模刀逐個脫模。

填鑲布里起司瑪德蓮泡芙
BRIE-STUFFED MADELEINE PUFFS

布里起司來自法國北部的塞納馬恩區（Seine-et-Marne），有起司之王的美譽。它由牛奶製成，風味濃郁，口感軟實，放室溫很快就軟化，當成瑪德蓮的內餡再好不過了。趁熱吃非常過癮，配上一杯香檳更是銷魂。

可做12個瑪德蓮

含鹽奶油6大匙，另備2大匙塗抹烤盤（可省略）

中筋麵粉½杯

泡打粉1小匙

鹽⅛小匙

黑胡椒粉⅛小匙

切碎的乾燥迷迭香（rosemary）¼小匙

大的蛋2顆，室溫

脫脂希臘優格⅓杯

刨碎的帕馬森起司（Parmesan cheese）3大匙

冷藏過的布里起司（Brie cheese）12小塊，每一塊約½小匙，先切除硬皮再切成小塊

1. 在烤箱中層放置金屬網架，烤箱預熱至180°C。在1個12孔的貝殼烤模表面噴灑烹飪噴霧油，或融化額外準備2大匙的奶油，刷塗每個烤模。

2. 麵粉、泡打粉、鹽、胡椒粉和迷迭香放入小碗混合。

3. 奶油加入容量為1900毫升可微波的玻璃碗或量杯裡，微波爐輸出功率設為最低，加熱1-2分鐘直到融化。

4. 混合糊放涼3-4分鐘，逐次加入1顆室溫的蛋攪拌，充分拌勻後才可以加入下一顆。

5. 拌入優格和帕馬森起司，再加入混合好的麵粉拌至粉粒消失。

6. 使用直徑為3.8公分的冰淇淋挖杓或茶匙，把麵糊舀至烤模裡，近滿即可。在每個麵糊中央塞入1塊布里起司。

7. 放入烤箱烤10-14分鐘，直到瑪德蓮膨脹，邊緣呈金棕色。

8. 把烤盤自烤箱取出，放在置涼架上2-3分鐘，再翻轉烤模把瑪德蓮倒到置涼架上。你也可以用小脫模刀逐個脫模。

鹹味點心與開胃小食

焦糖洋蔥與阿夏戈起司瑪德蓮
CARAMELIZED ONION AND ASIAGO MADELEINES

這款瑪德蓮是蜜甜柔軟的焦糖洋蔥，與辛嗆強烈的阿夏戈起司之間美麗的拉鋸，結果則是令人垂涎欲滴的美味，請趁熱享用。

可做 12 個瑪德蓮

含鹽奶油 6 大匙，另備 2 大匙塗抹烤盤（可省略）

橄欖油 1 大匙

切碎的洋蔥 1 杯，約 1 顆中型洋蔥

砂糖 1 小匙

鹽 ¼ 小匙

中筋麵粉 ¾ 杯

現磨黑胡椒粉 ¼ 小匙

泡打粉 ½ 小匙

大的蛋 2 顆，室溫

刨碎的阿夏戈起司（Asiago cheese）¼ 杯

1. 1 大匙的奶油和橄欖油放入中型煎鍋，開中火燒至開始起泡。加入洋蔥、糖和鹽翻炒，直到洋蔥略呈金棕色，大約 5-6 分鐘。暫置一旁放涼。

2. 在烤箱中層放置金屬網架，烤箱預熱至 180°C。在 1 個 12 孔的貝殼烤模表面噴灑烹飪噴霧油，或融化額外準備 2 大匙的奶油，刷塗每個烤模。

3. 麵粉、胡椒粉和泡打粉放入小碗裡混合。

4. 剩餘 5 大匙的奶油加入容量為 1900 毫升可微波的玻璃碗或量杯裡，微波爐輸出功率設為最低，加熱 1-2 分鐘直到融化。

5. 混合糊放涼 3-4 分鐘，逐次加入 1 顆室溫的蛋攪拌，充分拌勻後才可以加入下一顆。

6. 拌入阿夏戈起司，再加入混合好的麵粉拌至粉粒消失，然後舀入焦糖洋蔥，輕輕翻拌至均勻。

7. 使用直徑為 3.8 公分的冰淇淋挖杓或茶匙，把麵糊舀至烤模裡，近滿即可。

8. 放入烤箱烤 10-14 分鐘，直到瑪德蓮膨脹，邊緣呈金棕色。

9. 把烤盤自烤箱取出，放在置涼架上 2-3 分鐘，再翻轉烤模把瑪德蓮倒到置涼架上。你也可以用小脫模刀逐個脫模。

百變瑪德蓮

山羊起司瑪德蓮，與青蔥、日曬番茄乾

CHÈVRE MADELEINES WITH SCALLIONS AND SUN-DRIED TOMATOES

這款瑪德蓮將讓喜愛山羊起司的饕客大開眼界。青蔥和日曬番茄乾散發樸實的風味，而使用橄欖油取代奶油則使得成品更為鹹香有味。

可做12-14個瑪德蓮

含鹽奶油4大匙，另備2大匙塗抹烤盤（可省略）

中筋麵粉 ¾ 杯

泡打粉 2 小匙

鹽 ¼ 小匙

現磨黑胡椒粉 ¼ 小匙

特級初榨橄欖油 3 大匙

大的蛋 2 顆，室溫

半脂牛奶 3 大匙，全脂亦可

捏碎的山羊起司 ⅓ 杯，室溫

切碎的日曬番茄乾 3 大匙

切碎的青蔥 2 大匙

1. 在烤箱中層放置金屬網架，烤箱預熱至180°C。在1個12孔的貝殼烤模表面噴灑烹飪噴霧油，或融化額外準備2大匙的奶油，刷塗每個烤模。

2. 麵粉、泡打粉、鹽和胡椒粉放入小碗裡混合。

3. 奶油加入容量為1900毫升可微波的玻璃碗或量杯裡，微波爐輸出功率設為最低，加熱1-2分鐘直到奶油融化，再攪拌均勻。

4. 混合糊放涼3-4分鐘，逐次加入1顆室溫的蛋攪拌，充分拌勻後才可以加入下一顆。

5. 加入牛奶攪拌1-2分鐘，再依序拌入起司、番茄乾和青蔥。

6. 加入混合好的麵粉拌至粉粒消失。

7. 使用直徑為3.8公分的冰淇淋挖杓或茶匙，把麵糊舀至烤模裡，近滿即可。

8. 放入烤箱烤9-11分鐘，直到瑪德蓮膨脹，邊緣呈金棕色。

8. 把烤盤自烤箱取出，放在置涼架上2-3分鐘，再用小脫模刀逐個脫模。

鹹味點心與開胃小食

CH **6**

寵溺的
瑪德蓮

焦糖香蕉冰淇淋、起司蛋糕和巧克力黏餅，我的
天哪！這些美麗的瑪德蓮被裝飾得令人目不轉
睛，但別只在特殊場合才想到它們。無論口感滑
順或柔軟黏牙，富含咖啡因或充滿薄荷香，它們
個個與眾不同，最重要的是美味極了。這些令人
沉淪的瑪德蓮適合各種場合——無論是花俏的晚
餐或只是休日週末的小聚會！

右頁為「極品瑪德蓮」（第146頁）及「黑與白瑪德蓮」（第134頁）。

起司蛋糕瑪德蓮與越橘醬

CHEESECAKE MADELEINES WITH LINGONBERRY PRESERVES

這款瑪德蓮是由新鮮的檸檬果皮和果汁提引出起司的風味，搭上酸香的果醬一起吃簡直是天作之合。你可以使用任何喜愛的果醬，不過嬌小的瑞典越橘的尺寸與瑪德蓮最合拍。把它們排在漂亮的盤子上，再撒少許糖粉就是完美的擺盤了。

可做24個瑪德蓮

無鹽奶油12大匙，另備4大匙塗抹烤盤（可省略）

中筋麵粉1杯

泡打粉1小匙

砂糖1杯

奶油起司（cream cheese）⅓杯，切成小丁塊，室溫

大的蛋2顆，室溫

現刨檸檬皮絲2小匙

現榨檸檬汁1小匙

香草萃取液1½小匙

越橘醬（lingonberry preserves）⅓杯，個人喜歡的果醬亦可

1. 在烤箱中層放置金屬網架，烤箱預熱至180°C。在2個12孔的貝殼烤模表面噴灑烹飪噴霧油，或融化額外準備4大匙的奶油，刷塗每個烤模。

2. 麵粉和泡打粉放入小碗裡混合。

3. 奶油和糖加入容量為1900毫升可微波的玻璃碗或量杯裡，微波爐輸出功率設為最低，加熱1-2分鐘後以攪拌器拌勻。手動或使用手持電動攪拌器攪拌3分鐘，直到充分混合。

4. 加入奶油起司攪拌3-4分鐘。再逐次加入1顆室溫的蛋攪拌，充分拌勻後才可以加入下一顆。

5. 加入檸檬皮絲、檸檬汁和香草萃取液拌勻，再加入混合好的麵粉，充分混合。

6. 使用直徑為3.8公分的冰淇淋挖杓或茶匙，把麵糊舀至烤模裡，近滿即可。用茶匙或小抹刀尖端把越橘醬舀至麵糊中央，每份½小匙。無需把越橘醬埋入麵糊裡，烘烤時就會自行沉下去。

7. 放入烤箱烤10-12分鐘，直到瑪德蓮膨脹，邊緣呈金棕色。
8. 把烤盤自烤箱取出，放在置涼架上2-3分鐘，再翻轉烤模把瑪德蓮倒到置涼架上。你也可以用小脫模刀逐個脫模。

如果你不敢用奶油，就用鮮奶油。

——茱莉雅·柴爾德Julia Child

寵溺的瑪德蓮

黑與白瑪德蓮
BLACK AND WHITE MADELEINES

苦味巧克力瑪德蓮通常會蘸點白巧克力，我還喜歡撒些可食的裝飾糖片。

**可做12個普通瑪德蓮，
或48個迷你瑪德蓮**

無鹽奶油6大匙，另備2大匙塗抹烤盤（可省略）

中筋麵粉½杯

無糖可可粉¼杯，荷式處理法可可粉或原味可可粉皆可

砂糖½杯

半甜巧克力豆½杯，切碎的苦甜巧克力亦可

清水⅓杯，室溫

大的蛋1顆，室溫

切碎的白巧克力1½杯，烘焙用白巧克力豆亦可

可食的裝飾糖片

1. 在烤箱中層放置金屬網架，烤箱預熱至165℃。在1個12孔的貝殼烤模或2個迷你瑪德蓮烤模表面噴灑烹飪噴霧油，或融化額外準備2大匙的奶油，刷塗每個烤模。
2. 麵粉和可可粉放入小碗裡混合。
3. 奶油、糖和巧克力豆加入容量為1900毫升可微波的玻璃碗或量杯裡，微波爐輸出功率設為最低，加熱1-2分鐘直到融化。加入清水攪拌至奶油完全融化並充分混合。
4. 加入蛋攪拌均勻，接著加入混合好的麵粉拌至滑順。
5. 把麵糊舀至烤模裡，近滿即可。
6. 放入烤箱烤10-12分鐘（迷你瑪德蓮的話就烤4-5分鐘），瑪德蓮一膨脹且中央凸出的亮點幾乎凝結就表示烤好了。
7. 把烤盤自烤箱取出，放在置涼架上2-3分鐘，再翻轉烤模把瑪德蓮倒到置涼架上。你也可以用小脫模刀逐個脫模。
8. 白巧克力加入可微波的玻璃碗裡，微波爐輸出功率設為最低，每次加熱15秒鐘後攪拌，直到完全融化，再拌至滑順。
9. 每個瑪德蓮的二分之一裹上巧克力醬，扁平那面在碗的邊緣刮幾下，把多餘的巧克力醬刮掉。把瑪德蓮放在鋪有上蠟烘焙紙的烤盤上15-20分鐘。如果打算撒上裝飾糖片，就趁巧克力醬還沒凝固時動作。

百變瑪德蓮

貝克維爾瑪德蓮與德文郡奶油
BAKEWELL MADELEINES WITH DEVONSHIRE CREAM

這款小蛋糕似的瑪德蓮最適合女王了！我把英國傳統甜食貝克維爾塔改造成瑪德蓮，趁著還溫熱時，配上額外準備的覆盆子果醬，再去蘸德文郡奶油一起吃。

可做 12 個瑪德蓮

無鹽奶油 6 大匙，另備 2 大匙塗抹烤盤（可省略）

砂糖 ½ 杯

大的蛋 2 顆，室溫

香草豆糊或香草萃取液 1 小匙

中筋麵粉 ½ 杯

榛果（hazelnuts）⅓ 杯，烘香後去皮，再切得細碎

覆盆子果醬 ⅓ 杯

1. 在烤箱中層放置金屬網架，烤箱預熱至 180℃。在 1 個 12 孔的貝殼烤模表面噴灑烹飪噴霧油，或融化額外準備 2 大匙的奶油，刷塗每個烤模。
2. 奶油和糖加入容量為 1900 毫升可微波的玻璃碗或量杯裡，微波爐輸出功率設為最低，加熱 1-2 分鐘直到融化，然後攪拌至充分混合。
3. 混合糊放涼 3-4 分鐘。逐次加入 1 顆室溫的蛋攪拌，充分拌勻後才可以加入下一顆。
4. 加入香草豆糊（或萃取液）拌勻，接著加入麵粉拌至滑順，再拌入榛果。
5. 使用直徑為 3.8 公分的冰淇淋挖杓或茶匙，把麵糊舀至烤模裡，近滿即可。每個麵糊中央舀入 ½ 小匙果醬，烘烤時就會自行沉下去。
6. 放入烤箱烤 10-12 分鐘，直到瑪德蓮膨脹，邊緣呈金棕色。

百變瑪德蓮

德文郡奶油

高脂鮮奶油 ½ 杯

糖粉 2-3 大匙，隨個人喜好調整

酸奶油（sour cream）¾ 杯

7. 烘烤瑪德蓮的空檔製作德文郡奶油。使用手持電動攪拌器攪打高脂鮮奶油，直到提起攪拌器時，鮮奶油的尖端形成微微下垂的尖角。接著加入糖粉繼續攪打，直到充分混合，再加入酸奶油，攪打至輕盈蓬鬆。

8. 把烤盤自烤箱取出，放在置涼架上 2-3 分鐘，再翻轉烤模把瑪德蓮倒到置涼架上。你也可以用小脫模刀逐個脫模。趁熱與德文郡奶油一起端上桌。

寵溺的瑪德蓮

薄荷苦味巧克力瑪德蓮

DARK AND MINTY MADELEINES

這款瑪德蓮非常美味,製作可說是不費吹灰之力。在巧克力口味的小蛋糕裡埋入一片超薄的糖果,不僅使得風味更為明亮突出,同時也增加口感層次。我使用 After Eight 廠牌的薄荷糖,因為它們是我所能找到最細薄、薄荷味最濃郁的了,不過也歡迎嘗試其他薄荷糖。

可做 12 個瑪德蓮

無鹽奶油 6 大匙,另備 2 大匙塗抹烤盤(可省略)

中筋麵粉 ½ 杯

無糖可可粉 ½ 杯,荷式處理法可可粉或原味可可粉皆可

砂糖 ½ 杯

苦甜巧克力豆 ½ 杯,比如可可脂含量 60%

大的蛋 1 顆,室溫

溫水 ⅓ 杯

薄荷萃取液 ½ 小匙

1. 在烤箱中層放置金屬網架,烤箱預熱至 165°C。在 1 個 12 孔的貝殼烤模表面噴灑烹飪噴霧油,或融化額外準備 2 大匙的奶油,刷塗每個烤模。

2. 麵粉和可可粉放入小碗裡混合。

3. 奶油、糖和巧克力豆加入容量為 1900 毫升可微波的玻璃碗或量杯裡,微波爐輸出功率設為最低,加熱 1-2 分鐘後以攪拌器拌勻。如果材料沒有融化,就分次加熱,每次加熱 15 秒鐘後攪拌,直到混合糊滑順。

4. 混合糊放涼 3-4 分鐘,加入蛋和混合好的麵粉拌勻。接著加入水和薄荷萃取液攪拌至充分混合。混合糊必須呈閃亮濃稠。

5. 使用直徑為 3.8 公分的冰淇淋挖杓或茶匙,把麵糊舀至烤模裡,近滿即可。

6. 放入烤箱烤 10-12 分鐘,直到瑪德蓮膨脹,麵團中央泛白的部分幾乎消失。

大小足夠放入烤模的薄片薄荷糖
　　12片，6片After Eights薄荷糖
　　亦可，再各分切為二

糖粉¼杯（可省略）

7. 自烤箱取出烤盤，趁熱在瑪德蓮表面放上1片薄荷糖，輕輕按壓，糖片將融入瑪德蓮裡。烤模放在置涼架上3-4分鐘，再用小脫模刀逐個脫模。喜歡的話，有波紋那面篩上糖粉後再端上桌。

烹飪好似愛情。全心投入或毫不沾身。

——哈里特・范・霍恩 Harriet Van Horne

香蕉天堂瑪德蓮
BANANAS FOSTER MADELEINES

如果硬要讓我挑一個沒有巧克力的甜點，我每次都會選這項。香蕉天堂是在布滿香草籽的香草冰淇淋上，疊覆一層又一層黑糖做成的甜醬、奶油和香蕉薄片，通常還會加入蘭姆酒焰燒。以此為靈感製成的瑪德蓮，就是在香草瑪德蓮上頭或旁邊擺上一球香草冰淇淋，再澆入黑糖糖漿。請大方地淋上蘭姆酒然後焰燒，以製造吸睛的效果。

可做 12 個瑪德蓮

無鹽奶油6大匙，另備2大匙塗抹烤盤（可省略）

中筋麵粉½杯

鹽¼小匙

泡打粉¼小匙

現磨肉豆蔻粉（nutmeg）½小匙

壓緊實的黑糖½杯

大的蛋1顆，室溫

中型香蕉½根，壓碎，約⅓杯香蕉泥

香草萃取液½小匙

香草冰淇淋，盛盤時用

1. 在烤箱中層放置金屬網架，烤箱預熱至180°C。在1個12孔的貝殼烤模表面噴灑烹飪噴霧油，或融化額外準備2大匙的奶油，刷塗每個烤模。

2. 麵粉、鹽、泡打粉和肉豆蔻粉放入小碗裡混合。

3. 奶油和黑糖加入容量為1900毫升可微波的玻璃碗或量杯裡，微波爐輸出功率設為最低，加熱1-2分鐘直到融化，再以攪拌器拌至滑順。

4. 混合糊放涼3-4分鐘，加入蛋和混合好的麵粉拌勻，再加入香蕉泥和香草萃取液攪拌至充分混合。

5. 使用直徑為3.8公分的冰淇淋挖杓或茶匙，把麵糊舀至烤模裡，近滿即可。

6. 放入烤箱烤10-12分鐘，直到瑪德蓮膨脹，邊緣呈金棕色。

7. 把烤盤自烤箱取出，放在置涼架上2-3分鐘，再翻轉烤模把瑪德蓮倒到置涼架上。你也可以用小脫模刀逐個脫模。

黑糖糖漿

無鹽奶油4大匙

壓緊實的黑糖1杯

肉桂粉 ½ 小匙

中型香蕉1½根，切成厚度為0.6
　公分的圓片

深色蘭姆酒2大匙（可省略）

盛盤

1. 奶油、黑糖和肉桂粉放入中型的深鍋裡，開小火加熱，要不時攪拌直到黑糖融解。加入香蕉片煮軟，要輕輕攪拌，大約2-4分鐘。

2. 熄火。如果有準備蘭姆酒，就在這時候加入並拌勻。

3. 每個碗裡擺入1個或2個瑪德蓮及1球冰淇淋，再淋上黑糖糖漿。

寵溺的瑪德蓮

巧克力黏餅瑪德蓮
MUDSLIDE MADELEINES

因為我的重度巧克力癮，我有一整個檔案夾全都是令人沉醉的巧克力黏餅食譜。我最喜愛的配方是素有巧克力先生美譽的烘焙大師雅克·托雷斯（Jacques Torres）的作品，他同時是設立於紐約的雅克·托雷斯巧克力工坊的主人。這款餅乾裡嵌有三種巧克力及烘香的核桃，我用瑪德蓮重現這個特色。

可做24個瑪德蓮

無鹽奶油4大匙，另備4大匙塗抹烤盤（可省略）

中筋麵粉⅓杯

泡打粉1¼小匙

鹽¼小匙

苦甜巧克力450公克，比如可可脂含量60%，切碎並分次使用

無糖巧克力85公克，切碎

砂糖1杯

大的蛋3顆，室溫

烘香的核桃（walnuts）¾杯，切碎

1. 在烤箱中層放置金屬網架，烤箱預熱至180°C。在2個12孔的貝殼烤模表面噴灑烹飪噴霧油，或融化額外準備4大匙的奶油，刷塗每個烤模。
2. 麵粉、泡打粉和鹽放入小碗裡混合。
3. 一半份量的苦甜巧克力和無糖巧克力加入可微波的玻璃碗裡，微波爐輸出功率設為最低，加熱1-2分鐘後拌勻。如果巧克力沒有融化，就分次加熱，每次加熱15秒鐘後攪拌，直到混合糊滑順。也可以把這些食材放入雙層鍋（double boiler）的上層，下層的水燒至微滾，邊隔水加熱，邊用攪拌器拌至均勻，然後離火。
4. 奶油和糖加入桌上型電動攪拌器的碗裡（使用手持電動攪拌器的話則放入容量為1900毫升的玻璃碗或量杯裡），攪拌至輕盈蓬鬆，大約3-4分鐘。接著逐次加入1顆室溫的蛋，開低速攪拌，總共攪拌3-4分鐘。混合糊必須輕盈蓬鬆。

5. 加入混合好的麵粉，開低速拌勻，再加入融化的巧克力。最後則拌入剩餘的苦甜巧克力和核桃。

6. 使用直徑為3.8公分的冰淇淋挖杓或茶匙，把麵糊舀至烤模裡，近滿即可。輕輕按壓麵糊，使之平均分布。

7. 放入烤箱烤9-12分鐘，直到瑪德蓮膨脹，並出現些小裂痕。

8. 把烤盤自烤箱取出，放在置涼架上2-3分鐘，再翻轉烤模把瑪德蓮倒到置涼架上。你也可以用小脫模刀逐個脫模。

製作瑪德蓮之良伴

巧克力

想過購買便宜的巧克力嗎？謹記：巧克力品質決定成品的風味。請購買你能力所能負擔最好的巧克力，以此烘製出最美味的瑪德蓮。

酒香榛果瑪德蓮
HAZELNUT AND FRANGELICO MADELEINES

榛果儷能提引榛果與巧克力的魔力，它是產於義大利北部的皮埃蒙特區（Piedmont）的榛果利口酒。榛果儷中香草、香草豆和可可的氣息，與瑪德蓮麵糊非常合拍，可烘製出輕盈、充滿堅果香氣的小蛋糕。

可做24個瑪德蓮

無鹽奶油12大匙，另備4大匙塗抹烤盤（可省略）

砂糖1杯

大的蛋2顆，室溫

香草豆糊或香草萃取液1小匙

榛果儷（Frangelico）榛果酒2小匙，其他廠牌的榛果酒或清水亦可

中筋麵粉1杯

烘香的榛果（hazelnuts）1½杯，切得細碎並分次使用

苦味或半甜巧克力225公克，切碎

1. 在烤箱中層放置金屬網架，烤箱預熱至165°C。在2個12孔的貝殼烤模表面噴灑烹飪噴霧油，或融化額外準備4大匙的奶油，刷塗每個烤模。

2. 奶油和糖加入容量為1900毫升可微波的玻璃碗或量杯裡，微波爐輸出功率設為最低，加熱1-2分鐘直到融化，然後拌勻。

3. 混合糊放涼3-4分鐘。逐次加入1顆室溫的蛋攪拌，充分拌勻後才可以加入下一顆。

4. 加入香草豆糊（或萃取液）充分混合，然後加入榛果酒。

5. 加入麵粉，拌勻即可，再加入⅓杯的榛果充分混合。

6. 使用直徑為3.8公分的冰淇淋挖杓或茶匙，把麵糊舀至烤模裡，近滿即可。

7. 放入烤箱烤10-12分鐘，直到瑪德蓮膨脹，邊緣呈金棕色。

8. 把烤盤自烤箱取出，放在置涼架上2-3分鐘，再翻轉烤模把瑪德蓮倒到置涼架上。你也可以用小脫模刀逐個脫模。

百變瑪德蓮

裝飾

1. 趁瑪德蓮放涼時,把苦甜巧克力加入可微波的玻璃碗裡,微波爐輸出功率設為最低,加熱1-2分鐘直到融化,然後拌至滑順。如果巧克力沒有融化,就分次加熱,每次加熱15秒鐘後攪拌,直到混合糊滑順。

2. 在烘烤餅乾的平盤或大的鐵網架上鋪上一張上蠟的烘焙紙。把剩餘的榛果鋪在寬底淺盤上,捏住瑪德蓮平口那端,尖頭那端去蘸溫熱的巧克力醬,大約蘸二分之一個瑪德蓮。提起瑪德蓮,扁平那面在碗的邊緣刮幾下,把多餘的巧克力醬刮掉。接著去蘸切碎的榛果,使其包覆巧克力醬,然後放置烘焙紙上30-60分鐘。

極品瑪德蓮
NONPAREIL MADELEINES

Nonpareils 在法語是獨一無二的意思,傳統上用以裝飾焦點烘焙品,也會讓瑪德蓮更出色。無論你使用經典白、時髦銀或五彩繽紛的小糖粒,裝飾瑪德蓮時都能享受手作的樂趣,把它捧到你的派對上,肯定讚聲連連。

可做12個瑪德蓮

無鹽奶油8大匙,另備2大匙塗抹烤盤(可省略)

中筋麵粉 ¾ 杯

無糖可可粉 ¼ 杯,荷式處理法可可粉或原味可可粉皆可

鹽 ⅛ 小匙

砂糖 ¾ 杯

蛋2顆,室溫

半糖巧克力豆 1½ 杯,分次使用

裝飾用小糖粒 ½ 杯

1. 在烤箱中層放置金屬網架,烤箱預熱至180°C。在1個12孔的貝殼烤模表面噴灑烹飪噴霧油,或融化額外準備2大匙的奶油,刷塗每個烤模。

2. 麵粉、可可粉和鹽放入小碗裡混合。

3. 奶油和糖加入容量為1900毫升可微波的玻璃碗或量杯裡,微波爐輸出功率設為最低,加熱1-2分鐘直到融化,然後拌勻。

4. 混合糊放涼3-4分鐘。逐次加入1顆室溫的蛋攪拌,充分拌勻後才可以加入下一顆。拌入½杯巧克力豆直到充分混合,加入混合好的麵粉,拌至滑順。

5. 使用直徑為3.8公分的冰淇淋挖杓或茶匙,把麵糊舀至烤模裡,近滿即可。

6. 放入烤箱烤10-12分鐘,直到瑪德蓮膨脹,邊緣呈金棕色。

7. 把烤盤自烤箱取出，放在置涼架上2-3分鐘，再翻轉烤模把瑪德蓮倒到置涼架上。你也可以用小脫模刀逐個脫模。

裝飾

1. 趁瑪德蓮放涼時，把剩餘的巧克力豆加入可微波的玻璃碗裡，微波爐輸出功率設為最低，加熱30秒再拌至滑順。如果巧克力沒有融化，就分次加熱，每次加熱15秒鐘後攪拌，直到混合糊滑順。

2. 把裝飾用小糖粒鋪在寬底淺盤上，在烘烤餅乾的平盤或大的鐵網架上鋪上一張上蠟的烘焙紙。瑪德蓮扁平那面蘸巧克力醬，並在碗的邊緣刮幾下，把多餘的巧克力醬刮掉。接著去蘸小糖粒，使其包覆巧克力醬。然後有巧克力醬那面朝上，放置烘焙紙上30-60分鐘。

> 如果覺得直接拿瑪德蓮扁平那面去蘸巧克力醬會弄得髒兮兮，可以用小抹刀挖取巧克力醬，塗抹到瑪德蓮上。只需要薄薄一層巧克力醬，可以沾黏並固定小糖粒即可。

赫莉特的瑪德蓮提拉米蘇
HARRIETT'S MADELEINE TIRAMISU

我的家族成員都擅長烘焙,而我妹赫莉特絕對得到真傳。她創造的這款瑪德蓮提拉米蘇符合下列要求:咖啡風味不會過甜,口感則滑順濕潤。我把它們裝入寬口深底的玻璃甜點杯裡,當成傳統提拉米蘇的奢華版本。

可做24個瑪德蓮

中筋麵粉1杯

泡打粉¼小匙

鹽¼小匙

即溶義式濃縮咖啡粉1大匙

大的蛋3顆,室溫

砂糖½杯

香草萃取液1小匙

無鹽奶油8大匙,事先融化並放涼,另備4大匙塗抹烤盤(可省略)

1. 麵粉、泡打粉、鹽和咖啡粉放入小碗裡混合。

2. 蛋、糖和香草萃取液加入桌上型電動攪拌器的碗裡,使用槳狀攪拌頭。開中速把混合糊拌至輕盈蓬鬆,大約7分鐘。用矽膠刮刀把混合好的麵粉輕輕翻拌至充分混合,再加入融化的奶油,手動攪拌至均勻。

3. 把碗稍加遮蓋,放入冰箱冷藏至少2小時或過夜。

4. 一切就緒後,在烤箱中層放置金屬網架,烤箱預熱至180℃。在2個12孔的貝殼烤模表面噴灑烹飪噴霧油,或融化額外準備4大匙的奶油,刷塗每個烤模。

5. 使用直徑為3.8公分的冰淇淋挖杓或茶匙,把麵糊舀至烤模裡,近滿即可。

6. 放入烤箱烤8-11分鐘,直到瑪德蓮膨脹,邊緣呈金棕色。你也可以用蛋糕測針插入瑪德蓮中央,取出時如果乾淨無沾黏就表示烤好了。

7. 把烤盤自烤箱取出,放在置涼架上2-3分鐘,再翻轉烤模把瑪德蓮倒到置涼架上。你也可以用小脫模刀逐個脫模。

組合材料

義式濃縮咖啡 ½ 杯，很濃的咖啡亦可，室溫

香草萃取液 1 大匙

砂糖 ¼ 杯，分次使用

甜馬莎拉酒（Marsala wine）¼ 杯，分次使用，可增量

大的蛋黃 4 枚

馬斯卡邦起司（mascarpone cheese）225 公克

高脂鮮奶油 ¾ 杯

可可脂含量72%的巧克力塊100 公克，刨碎

組合

1. 製作義式濃縮咖啡糖漿：咖啡、香草萃取液、1大匙糖和2大匙馬莎拉酒放入小鍋裡混合均勻。

2. 製作馬斯卡邦起司餡：蛋黃、3大匙糖放入中型碗裡，放在雙層鍋（double boiler）的上層，下層的水燒至微滾，邊隔水加熱，邊用攪拌器攪拌，直到變得濃稠並膨脹至3倍大。把鍋子離火，加入馬斯卡邦起司拌至均勻，放涼5分鐘。

3. 高脂鮮奶油加入另一個中型碗裡，用手持電動攪拌器攪打至提起攪拌器時，鮮奶油的尖端形成直挺不下垂的尖角。把打發的鮮奶油翻拌至馬斯卡邦起司混合糊裡，輕輕攪拌至均勻。

4. 接下來組合提拉米蘇，每個瑪德蓮的二分之一蘸取咖啡糖漿。在容量為1900毫升寬口深底的玻璃甜點杯裡的底部及內緣鋪滿蘸了咖啡糖漿的瑪德蓮。把一半分量的馬斯卡邦起司餡塗抹到瑪德蓮表面，再撒上一半份量的巧克力屑。重複一次，把瑪德蓮、起司餡及巧克力屑用完。

5. 用保鮮膜把甜點杯封緊，在冰箱裡冷藏至少4小時或過夜。

睡帽瑪德蓮與阿法奇朵
NIGHTCAP MADELEINES WITH AFFOGATO

把一份義式濃縮咖啡澆到香草冰淇淋上就是義式傳統甜食阿法奇朵,拿干邑橙酒瑪德蓮配著吃,可真是神奇的組合。

可做12個瑪德蓮

無鹽奶油6大匙,另備2大匙塗抹烤盤(可省略)

砂糖½杯

大的蛋1顆,室溫

香草萃取液½小匙

現刨柳橙皮絲1小匙

干邑橙酒(Grand Marnier Liqueur)1大匙又1小匙,濃縮柳橙汁亦可,另備些許上桌時用

中筋麵粉½杯

純香草冰淇淋500毫升

每個瑪德蓮搭配¼杯義式濃縮咖啡

1. 在烤箱中層放置金屬網架,烤箱預熱至180℃。在2個12孔的貝殼烤模表面噴灑烹飪噴霧油,或融化額外準備2大匙的奶油,刷塗每個烤模。

2. 奶油和糖加入容量為1900毫升可微波的玻璃碗或量杯裡,微波爐輸出功率設為最低,加熱1-2分鐘後以攪拌器拌勻。如果奶油沒有融化的話,就分次加熱,每次加熱15秒鐘後攪拌,直到混合糊滑順。

3. 混合糊放涼3-4分鐘。加入蛋拌勻,再加入香草萃取液、柳橙皮絲和橙酒充分混合。最後加入麵粉,拌至滑順。

4. 使用直徑為3.8公分的冰淇淋挖杓或茶匙,把麵糊舀至烤模裡,近滿即可。輕輕按壓麵糊,使之平均分布。

5. 放入烤箱烤9-12分鐘,直到瑪德蓮膨脹,邊緣呈金棕色。

6. 把烤盤自烤箱取出,放在置涼架上2-3分鐘,再翻轉烤模把瑪德蓮倒到置涼架上完全放涼。

組合

1. 每個小碗裡放入1-2個瑪德蓮,再舀入1球冰淇淋。

2. 在瑪德蓮及冰淇淋上澆入義式濃縮咖啡,每一碗用量為¼杯。喜歡的話還可以舀入些許干邑橙酒。

CH **7**

讓瑪德蓮
更漂亮

瑪德蓮是如此美味，怎麼擺盤都可以。但是如果
你想展示它們，並裝飾得特別出眾的話，本章則
收錄了所有的配料、蘸醬和盛盤的指南。

右頁為「大溪地香草瑪德蓮」（第34頁）。

巧克力甜醬
CHOCOLATE GLAZE

融化的苦味、牛奶或白巧克力醬是經典的甜醬，用來蘸取、沾裹及澆淋瑪德蓮都十分完美。

可做1杯	1. 巧克力加入容量為1900毫升可微波的玻璃碗或量杯裡，微波爐輸出功率設為最低，加熱1-2分鐘直到融化，然後拌勻。如果沒有完全融化，就分次加熱，每次加熱15秒鐘後攪拌，直到巧克力糊滑順。
苦味、牛奶或白巧克力豆2杯，340公克切碎的巧克力亦可	2. 每個瑪德蓮的二分之一裹上巧克力醬，再放在鋪有烘焙紙的烤盤上。

◇◇◇◇◇◇ 變化版 ◇◇◇◇◇◇

以下示範同時運用這三種巧克力甜醬，是目前非常時髦的做法。首先依照步驟一，分別融化三種巧克力。接著是 1. 每個瑪德蓮的三分之二裹上苦味巧克力醬，再依步驟二指示把瑪德蓮放涼。2. 瑪德蓮裹上牛奶巧克力醬，露出一些苦味巧克力，然後放涼。3. 瑪德蓮裹上白巧克力，露出前兩種巧克力醬的顏色。成品滋味絕倫，外型更是迷倒眾生！

楓糖鮮奶油
MAPLE WHIPPED CREAM

把濃稠滑順的鮮奶油與楓糖漿一起打發,很適合當瑪德蓮的蘸醬。我喜歡拿「芙蘭絲式蘋果瑪德蓮」(第64頁)或「楓糖穀麥瑪德蓮」(第61頁)蘸這款鮮奶油。甚至還會把它舀入熱騰騰的咖啡裡。

可做2杯	
冰涼的高脂鮮奶油1杯	1. 把攪拌器的碗與槳狀攪拌頭放入冷凍庫15-20分鐘。
B級楓糖漿¼杯	2. 鮮奶油加入碗裡,開中速攪拌至提起攪拌器時,鮮奶油的尖端形成微微下垂的尖角,約3-4分鐘。
	3. 淋入楓糖漿攪打至輕盈蓬鬆,約1分鐘。

如果你是一位廚師,就算再優秀也不能只想著為自己而煮。
烹飪之樂在於分享。音樂也是如此。
——威廉・詹姆斯・亞當斯二世 will.i.am

榛果巧克力醬
CHOCOLATE-HAZELNUT BUTTER

能多益（Nutella）榛果巧克力醬是公認生命中不可或缺的一部分，我，毫無異議。這款魅力無窮的巧克力抹醬的配方數以千計，然而我偏好以苦味巧克力取代廣為使用的牛奶巧克力，我還喜歡單用榛果，而非榛果摻雜杏仁。無論如何，一定要選用鮮度夠，烘香之後再去皮的榛果，才可確保做出質地滑順，堅果味飽滿的榛果巧克力醬。

可做4杯

烘香並去皮的榛果（hazelnuts）
　　2½ 杯

砂糖 ¼ 杯

苦甜巧克力450公克，半甜或兩
　　者混合亦可，略切

無鹽奶油8大匙，室溫

高脂鮮奶油1杯

1. 榛果和糖放入食物調理機攪打成糊，大約1分鐘。
2. 巧克力放入可微波的碗裡，微波爐輸出功率設為最低，加熱1½分鐘後拌勻，底部沾黏的巧克力要翻上來。接著分次加熱，每次加熱30秒鐘後攪拌，直到巧克力融化並且滑順。眼睛要盯緊，小心別燒焦。
3. 融化的巧克力放入中型碗裡，加入奶油拌至滑順。再拌入鮮奶油充分混合。
4. 加入榛果糊拌至滑順。
5. 倒入大容器或個別的玻璃瓶裡再加封蓋。榛果醬冷卻後自然就會變得濃稠。

❦ 蜂蜜奶油 ❦
WHIPPED HONEY BUTTER

這款簡單的抹醬可以塗在大多數的瑪德蓮上，並且只要放入保鮮盒裡就可以保存得挺久的。你還可以考慮加上一撮肉桂粉、檸檬、柳橙皮絲或烘香的胡桃來點變化。

可做 **4** 杯
無鹽奶油 16 大匙，室溫
蜂蜜 ⅓ 杯，口味任選
香草豆糊或香草萃取液 ½ 杯
鹽 1 撮（可省略）

1. 奶油放入桌上型攪拌器，開中速攪打 2-3 分鐘。
2. 加入蜂蜜、香草豆糊（或萃取液）和鹽繼續攪打 3-4 分鐘，直到輕盈蓬鬆。
3. 舀入附有緊密封蓋的保鮮盒裡。蜂蜜奶油可以在冰箱保存達數月之久。

製作瑪德蓮之良伴
◇◇◇◇◇ 包裝創意提案 ◇◇◇◇◇

用下列方式來裝飾數量較多的瑪德蓮：

- 在全新未用的小沙灘桶裡裝滿瑪德蓮，以玻璃紙包好，再用麻繩綁起來。
- 在一個大且扁平的扇貝形狀烤模裡放入數顆迷你瑪德蓮，裝飾數塊冰糖，以玻璃紙包妥，再用尼龍繩綁緊。
- 在透明的玻璃罐底倒入 1 公分高的白色裝飾糖，丟入數塊冰糖，填滿各式口味的迷你瑪德蓮。轉緊瓶蓋，用海藍色玻璃紙包好，再用尾端綴有真的貝殼的草繩綁緊。
- 在裝飾性禮盒裡鋪上各色上過蠟的薄棉紙，並填滿瑪德蓮。以粗繩簡單綑綁，做最後的修飾。

157

讓瑪德蓮更漂亮

糖化紫羅蘭

CANDIED VIOLETS

這項創意傳達了一年之始春意盎然的色彩及鮮嫩。在鋪滿瑪德蓮的大盤裡擺上數朵這些可以食用的花朵,就可以開啟聊天的話題,也是甜蜜的款待。所使用的紫羅蘭,一定要是家庭栽種且未噴灑農藥。

可做20-30朵紫羅蘭

非常細的砂糖2杯

蛋白2-3枚,置於另一個碗裡,無須攪拌或攪打

帶梗的新鮮紫羅蘭20-30朵,不要用非洲紫堇,無須清洗

1. 砂糖放入淺碗,蛋白放入另一個碗裡,無須攪拌或攪打。在烤盤上鋪上一張上蠟的烘焙紙。
2. 分別拿紫羅蘭去蘸蛋白。你也可用小毛刷蘸蛋白塗抹於花瓣上。
3. 分別拿花去蘸砂糖,使其完全裹覆。
4. 紫羅蘭排放在烤盤上,靜置24小時使其完全乾燥。可在保鮮盒裡存放達1個月之久。

百變瑪德蓮

巧克力橙皮條
ORANGETTES

自製糖化橙皮條的魅力來自於優質苦甜巧克力與鮮香柳橙汁的對比。它們遠比市售的成品精美，做起來卻毫不費工夫。這裡提供一個變化版本，就是使用檸檬、萊姆或橘子的果皮蘸白巧克力。

可做10-12份

清水 1½ 杯

砂糖 1½ 杯

臍橙（navel oranges）3-4 顆，
　　清洗並擦乾

苦甜巧克力 450 公克，切碎

1. 製作糖漿：清水和糖放入小鍋裡，開大火煮滾，同時用木匙把鍋緣的糖粒結晶刮下來，把糖煮融。把火轉小。
2. 切除柳橙上下兩頭，由頂端自底部把皮削開，再切成寬約1公分的橙皮條。
3. 橙皮條丟入糖漿裡，轉大火煮沸，轉成小火，煨煮45-60分鐘。
4. 瀝乾橙皮條，分開排放在鋪有鋁箔紙的烤盤上。風乾過夜。
5. 巧克力加入容量為1900毫升可微波的玻璃碗或量杯裡，微波爐輸出功率設為最低，加熱1分鐘後拌勻。再分次加熱，每次加熱30秒鐘後攪拌，直到巧克力滑順。
6. 拿橙皮條去蘸巧克力，大約蘸三分之二條。也可以全都丟入巧克力醬整條蘸滿。再把橙皮條排在鋪有烘焙紙或鋁箔紙的烤盤上，直到巧克力凝固。

經典鮮奶油巧克力盅

CLASSIC POTS DE CRÈME AU CHOCOLAT

這個食譜是多年前我一位居住在舊金山的好友給我的。他的小餐館供應這道風味獨特的巧克力美食，把它盛放在附了小蓋子的磁杯裡上菜。

可做 8 份

普通鮮奶油 2 杯

苦甜巧克力 110 公克，切得細碎

砂糖 2 大匙

鹽 1 撮

大的蛋黃 6 枚，稍微打散

香草萃取液 1½ 小匙

1. 烤箱預熱至 165℃。
2. 小的厚底鍋裡用少許清水潤濕，加入 1½ 杯鮮奶油，開中火，不時攪拌，以防表面結出硬皮。
3. 與此同時，把剩餘的 ½ 杯鮮奶油和巧克力放入雙層鍋（double boiler）的上層，下層的水燒至微滾，邊隔水加熱，邊攪拌至巧克力融化。
4. 當煮鮮奶油的小鍋邊緣開始冒出小泡時，即表示已殺菌了。（你也可以使用溫度計來測量，溫度到達 82℃ 即可。）拌入砂糖和鹽，然後離火。
5. 取下裝著巧克力糊的上層鍋。把已殺菌鮮奶油緩緩加至巧克力糊裡，要不時攪拌。接著一點一點加入蛋黃充分拌勻，再拌入香草萃取液。
6. 把混合糊放回雙層鍋裡再煮 3-4 分鐘，要不時以矽膠刮刀攪拌。
7. 用極細孔的濾網過濾混合糊，再倒入舒芙蕾烤盅，不要完全倒滿。
8. 把烤盅放入淺烤盤裡，加入到烤盅一半高度的熱水，用鋁箔紙把烤盤包緊，放入烤箱中層烤 22 分鐘。小心地把烤盤自烤箱移出，放在置涼架上放涼，再移入冰箱冷藏至凝固。

可以與打發鮮奶油及糖化紫羅蘭一起食用。

快速又神奇的免攪拌冰淇淋

EASY, MAGICAL, NO-CHURN ICE CREAM

提到這款令人驚喜的免攪拌冰淇淋，我必須感謝奈潔拉‧勞森（Nigella Lawson）。這個配方的靈感來自她的創意。一開始請先試做基礎配方，之後你就可以自由發揮添加其他材料，創造出各種可口的風味。

可做 4-6 份

高脂鮮奶油 1¼ 杯，冷藏備用

煉乳 ⅔ 杯

1. 所有材料放入桌上型電動攪拌器的碗裡（使用手持電動攪拌器的話用中型碗）。使用樂狀攪拌頭攪打至輕盈蓬鬆，約 7-8 分鐘。打入越多空氣，冰淇淋的口感會越滑順。

2. 用矽膠刮刀把混合糊舀至容器裡，先以保鮮膜包好，再用鋁箔紙裹緊。放在冷凍庫裡至少 6 小時，或放隔夜。

◇◇◇◇◇◇◇ **可以嘗試的口味** ◇◇◇◇◇◇◇

香草冰淇淋
香草豆糊或香草萃取液 2 小匙
波本威士忌（bourbon）1-2 小匙（可省略）

咖啡冰淇淋
即溶義式濃縮咖啡粉 2 大匙
甘露咖啡酒（Kahlúa）2 大匙，可以用其他咖啡風味利口酒或濃郁的黑咖啡代替

冰淇淋三明治
ICE CREAM SANDWICHES

這將是個令人讚嘆的創意：製作個人風格的冰淇淋三明治！其中有個小祕訣，就是要讓冰淇淋略為融化，塗到瑪德蓮上時會容易些。

可做1份三明治

略為融化的冰淇淋1大匙，口味任選

普通瑪德蓮或迷你瑪德蓮2個，冷藏備用

巧克力豆、柑橘類皮絲、烘香的堅果、裝飾糖，或其他你可以想像得到的冰淇淋配料（可省略）

在兩個瑪德蓮之間塗上冰淇淋。有準備的話，就拿三明治的邊緣去蘸配料。放入冷凍庫至少2小時後才可食用。

焦糖布丁

CRÈME CARAMEL

滑順濃郁的焦糖卡士達即俗稱的焦糖布丁。使用的鮮奶油比例越高，布丁的風味就越香濃。

可做6份

焦糖

砂糖⅔杯

清水⅓杯

卡士達

全脂牛奶2½杯，部分牛奶可以用鮮奶油代替，最多可以替換到所需牛奶一半的份量

香草豆莢1根，縱向切開，也可以用1½小匙的香草豆糊或香草萃取液代替

砂糖½杯

大的蛋3顆

蛋黃3枚

1. 烤箱預熱至165°C。把6個小舒芙蕾烤盅放入大小為23×33公分的烤盤裡。
2. 糖和水加入厚底鍋裡，開中火。不斷搖晃轉動鍋子使糖溶於水，不要攪拌，直到糖漿呈淡棕色。
3. 鍋子離火，迅速把糖漿倒入舒芙蕾烤盅。稍微晃動烤盅，使糖漿平均鋪在底層。置旁備用。
4. 牛奶加入平底深鍋裡。如果使用香草豆莢，就把香草籽刮出，再加入牛奶鍋裡。牛奶煮至幾乎微滾，然後熄火，取出豆莢。（若使用香草豆糊或香草萃取液，這個步驟就單煮牛奶。）
5. 糖、蛋、蛋黃（以及香草——使用香草豆糊或香草萃取液的話）加入桌上型攪拌器，攪打至輕盈蓬鬆，大約5-6分鐘。接著緩緩地把熱牛奶倒入蛋糊裡，繼續攪打2-3分鐘。
6. 用料理用過濾布把牛奶蛋糊過濾至舒芙蕾烤盅。
7. 在烤盤裡倒入到烤盅一半高度的熱水，放入烤箱烤30-40分鐘，直到卡士達中心正好凝固。不要烤過久。把烤盅移到置涼架上放涼，再放入冰箱冷藏數小時。
8. 脫模時，把小刀刺入布丁與烤模之間，刀面緊貼烤模，沿著烤模內側刮一圈。在舒芙蕾烤盅上倒放一個平盤，再把烤盅翻轉過來，稍加搖晃使布丁掉入盤子裡即可。

讓瑪德蓮更漂亮

薄荷巧克力慕斯
PEPPERMINT-ICED CHOCOLATE MOUSSE

如果想要一個超級薄荷涼的甜點,第80頁的「填鑲苦甜巧克薄荷瑪德蓮」與這款慕斯是最佳拍檔。

可做12 份

半甜或苦味巧克力140公克,切碎

無鹽奶油1大匙

大的蛋3顆,蛋白與蛋黃分開

鮮奶油2大匙,半脂或全脂皆可

薄荷萃取液½小匙

砂糖1大匙又1小匙

額外的已打發鮮奶油,上桌時用（可省略）

1. 巧克力和奶油加入容量為1900毫升可微波的玻璃碗或量杯裡,微波爐輸出功率設為最低,分次加熱,每次加熱30秒鐘後攪拌,直到巧克力糊滑順。
2. 加入蛋黃充分混合。依序加入鮮奶油或牛奶,以及薄荷萃取液拌勻。
3. 蛋白放入乾淨的碗裡,手持電動攪拌器開低速攪打,分次加入1小匙砂糖。接著把攪拌器轉成中速,攪打至提起攪拌器時,蛋白霜的尖端形成微微下垂的尖角。不要攪拌過度。然後把蛋白霜輕輕翻拌入巧克力糊裡。
4. 用小湯匙把慕斯舀至小玻璃杯裡,杯口以保鮮膜封起來,再排入大小為23×33公分的烤盤裡,放在冷凍庫裡至少6小時,或放隔夜。
5. 食用時配上一大球打發鮮奶油。

百變瑪德蓮

瑞士巧克力鍋
CHOCOLATE FONDUE

成排成列的迷你瑪德蓮，及新鮮的當季水果蘸入溫熱的巧克力醬裡再誘人不過了。瑞士巧克力鍋的「湯頭」，基本上就是把優質巧克力融化，再與鮮奶油混合而成的甘那許。如果想讓巧克力風味更為突出的話，就以牛奶代替鮮奶油。在甘那許裡融入一小塊奶油，巧克力醬的質地會更滑順，風味則更為柔和。此外，儘管加入你喜愛的利口酒，也不會有人嫌棄你額外舀入的能多益榛果巧克力醬！

可做6-8份	所有材料加入容量為 1900 毫升可微波的玻璃碗或量杯裡，微波爐輸出功率設為最低，分次加熱，每次加熱 30 秒鐘後攪拌。把巧克力糊倒至專用鍋或迷你慢煮鍋，開最小火保溫。

高脂鮮奶油½杯，全脂牛奶亦可

優質巧克力280公克

無鹽奶油1-2大匙

◇◇◇◇◇ 如何享用瑞士巧克力鍋 ◇◇◇◇◇

專用巧克力鍋會使融化的巧克力醬的溫度維持在50℃以下；迷你慢煮鍋也有同樣的作用。如果沒有巧克力鍋專用叉的話，那就搜出你的調酒棒、筷子或海鮮叉吧。享用瑪德蓮巧克力鍋時，我會搭配多種新鮮水果一起吃，只要是當季的即可。你還可以準備一些小碗，裝入烘香並切碎的堅果、乾椰肉或甚至是亞麻籽及葵花籽，跟在瑪德蓮及水果後頭蘸巧克力吃。至於打發的鮮奶油盅，無論原味或加味的都是廣受歡迎的配料。總之，瑞士巧克力鍋是「再多也不夠」的美味。

❧ 烘焙師的選擇 ❧
BAKER'S CHOICE

書裡多數的食譜都可以個人化，你可以額外添加堅果、巧克力或這篇所提供的選項。做過第一次之後，下一批你就可以任選下列的食材混入麵糊裡。或者，在剛出爐的瑪德蓮上塗上糖霜、堅果奶油或巧克力醬，然後沾裹一項或多項下列的食材。

烘香的椰肉，刨碎或切片

太妃糖酥粒

迷你肉桂糖

迷你薄荷糖

白巧克力豆

烘香的堅果與種籽

穀麥

五彩繽紛的糖粒

彩色水晶糖

糖果亮片

白色水晶糖

珍珠糖

切碎的枴杖糖

切碎的異國風味巧克力磚

杏仁糊、開心果糊、堅果糖餅

糖化水果：櫻桃、柳橙、檸檬、萊姆、鳳梨、楓糖

薑糖

切碎的椰棗乾和無花果乾

糖霜、堅果奶油或巧克力醬（用以塗在瑪德蓮上）

製作瑪德蓮之良伴

◇◇◇◇◇◇ **甜點自助吧** ◇◇◇◇◇◇

選用多種瑪德蓮及你喜愛的蘸醬和配料，當成派對的壓軸。把多個裝有現烤瑪德蓮的小籃子，圍著可旋轉的甜點檯排放，檯上則擺滿許多小碗，裝有蜂蜜、榛果巧克力醬、刨碎的巧克力、烘香的堅果、南瓜籽、楓糖鮮奶油、蘋果奶油、熱巧克力醬及打發的鮮奶油。也可以試試果醬、果膠、柑橘醬，或者新鮮漿果和切成適口大小的水果。鹹味的配料，可以選擇葵花籽奶油、榛果奶油、堅果糊、鮮奶油起司、瑞可達起司以及優格。

❧ 供應商 ❧

挖掘全球的廚具、五顏六色的食器、裝飾用品和職人食材也是樂趣之一。下列是一些我喜歡的地方。

ANTHROPOLOGIE
www.anthropologie.com
廚具、烘焙用品及時尚的食器。

BEANILLA TRADING
COMPANY
www.beanilla.com
優質的香草製品：豆莢、豆粉、豆糊、萃取液等等。

BERYL'S CAKE
DECORATING AND
PASTRY SUPPLIES
www.beryls.com
巧克力製「岩石」及「鵝卵石」，各式可食糖衣亮片。

BROWN COOKIE
www.browncookie.com
供居家烘焙使用的烘焙用品及廚具。圓殼形瑪德蓮烤盤、餐具、各式裝飾糖片及增味劑。

CRATE AND BARREL
www.crateandbarrel.com
不斷推陳出新的廚具及餐具，以及烘焙用器具等等。

FANTES KITCHEN SHOP
www.fantes.com
多種瑪德蓮烤盤選擇：圓殼形及不沾烤盤。肉豆蔻刨刀、餐具、奶油盅以及新穎的器具。

KEREKES BAKERY AND
RESTAURANT EQUIPMENT
INC.
www.bakedeco.com
多種瑪德蓮烤盤可供選擇、烘焙器具、增味劑、萃取液、蛋糕盒等等。

KING ARTHUR FLOUR
www.kingarthurflour.com
瑪德蓮烤盤、大型烘焙器具、食材、包裝盒及無麩質麵粉。

KITCHEN KRAFTS
www.kitchenkrafts.com
瑪德蓮不沾烤盤、家庭用烘焙器具、器材、食材及香草豆粉。

Nielsen-Massey
Vanillas
www.nielsenmassey.com
香草及其他風味萃取液，香草豆糊、豆粉及全豆莢。

SUR LA TABLE
www.surlatable.com
瑪德蓮烤盤、精美的烘焙及料理器具、餐桌桌面及食器。

WILLIAMS-SONOMA
www.williams-sonoma.com
瑪德蓮烤盤、法式手動攪拌器、優質烘焙器具和食材，以及精美的食器。

百變瑪德蓮

❧ 計量單位轉換 ❧

使用四捨五入的方式將傳統美式計量系統換算成公制系統，以此測量食材的容量及重量。

容量

美制	英制	公制
¼ 小匙		1.25 毫升
½ 小匙		2.5 毫升
1 小匙		5 毫升
1 小匙		15 毫升
¼ 杯（4 大匙）	2 液體盎司	60 毫升
⅓ 杯（5 大匙）	2½ 液體盎司	75 毫升
½ 杯（8 大匙）	4 液體盎司	125 毫升
⅔ 杯（10 大匙）	5 液體盎司	150 毫升
¾ 杯（12 大匙）	6 液體盎司	175 毫升
1 杯（16 大匙）	8 液體盎司	250 毫升
1¼ 杯	10 液體盎司	300 毫升
1½ 杯	12 液體盎司	355 毫升
1 品脫（2 杯）	16 液體盎司	500 毫升

重量

美制	公制	美制	公制
¼ 盎司	7 grams	8 盎司（½ 磅）	225 公克
½ 盎司	15 grams	9 盎司	250 公克
1 盎司	30 grams	10 盎司	280 公克
2 盎司	55 grams	11 盎司	310 公克
3 盎司	85 grams	12 盎司（¾ 磅）	340 公克
4 盎司（¼ 磅）	110 grams	13 盎司	370 公克
5 盎司	140 grams	14 盎司	400 公克
6 盎司	170 grams	15 盎司	425 公克
7 盎司	200 grams	16 盎司（1 磅）	450 公克

❧ 謝辭 ❧

　　感謝我任勞任怨的先生麥特及女兒萊妮，你們以自我犧牲的精神和無比的耐心及幽默試吃無數個我製作的瑪德蓮。你們對我有堅定的信念，我愛你們。獻給我的雙親洛琳及喬、我的祖母羅絲以及史蒂夫叔叔，灌輸我對美食的熱情，我想念你們。

　　致我的妹妹赫莉特，我們志趣相投喜愛烘焙。致我的弟弟，只要是軟糖布朗尼，他總是支持我的所有努力。

　　致我的亞倫叔叔、露西阿姨及菲耶阿姨，感謝你們的愛及銀河系最可口的起司蛋糕和猶太式布丁。

　　致我的好友們，無止境地支持我，感謝他們的熱情及鼓勵。

　　致班‧非曼及羅素‧哈德森，感謝他們完成每個甜點，確保每個細節都達到他們的標準。

　　感謝娃妮‧徹佛的愛和友誼，以及為我搜尋整個舊金山，因此我總是能擁有最適合的巧克力。

　　感謝芙蘭絲‧佛潔充滿魅力、聰慧及挑剔的味蕾。

　　致艾倫‧皮爾、安‧麥勞夫林、南西‧戈寧、史蒂芬‧格里菲思、傑瑞米‧布勒爾，獻給唐納‧斯科爾-塔諾夫，感謝你們的愛、友善及風趣。

　　感謝我希爾學院的朋友、西麻薩諸塞州編織協會、紡織藝術家及瑪德蓮愛好者。

致 Kandalafts、Tony's Clam Shop 的朋友及老闆，感謝你們供應我炒蛤蠣激發我的靈感。

致保羅‧沃爾伯格，Alma Nova 的主廚及老闆，感謝你對這本書的提案的熱情，以及認為杏仁瑪德蓮是吃過最美味的瑪德蓮。

感謝茉莉雅‧柴爾德、梅達‧西特、愛麗絲‧梅綴克、弗朗索瓦‧佩亞、大衛‧力柏維茲、埃那‧加登、尼克‧馬傑瑞，以及其他讓我獲益良多的烘焙師。感謝比利‧克里斯托、艾倫‧狄珍妮、羅賓‧威廉斯、貝蒂‧蜜勒、戴夫‧貝瑞，以及許多音樂家，陪我在廚房裡消磨漫長的時光。

感謝所有的試吃員及品嘗師。

致蘇珊‧金斯伯格，她第一個發現瑪德蓮的潛力，感謝她冷靜沉著的帶領。

致梅根‧瑞碧特，感謝她的熱情、專業、聰明及寶貴的貢獻，並且使其充滿趣味。與梅根共事，宛如在同一塊衝浪板上追逐海浪，歡樂滿溢。謝謝！同時感謝愛咪‧葛里曼，將我介紹給梅根。

感謝史帝夫‧力加多把瑪德蓮妝點得漂亮可口。感謝瑪莉艾倫‧梅爾可提供適當且具風格的建議及支持。感謝亞曼達‧瑞奇蒙，以其澄澈的鏡頭創造出美麗誘人的照片。感謝蒂芬妮‧希爾，本書的編輯以及烘焙時的臨時助手。以及夸克圖書瑪德蓮製作團隊的所有人！

索引

172 | 百變瑪德蓮

❧ 關於作者 ❧

芭芭拉‧費德曼‧莫爾斯是一位屢獲殊榮的烘焙師及食譜研發者。在她還經營「可可豆」（Cocoa Beans）烘焙工房時，曾為多部電影、泰德‧威廉斯及佛蒙特前州長瑪德琳‧庫寧烘焙糕點。她也是一位編織大師，擅長製作南塔克特籃，並且熱愛園藝、狗兒、各類型的音樂和巧克力。目前她與丈夫、女兒、哈巴狗蘿西及毛茸茸的小狗基威定居於麻薩諸塞州阿默斯特鎮。

她的網站：www.enjoymadeleines.com.